踮起脚尖，靠近阳光

DIAN QI JIAO JIAN KAO JIN YANG GUANG

求 真 选编

民主与建设出版社

图书在版编目(CIP) 数据

踮起脚尖，靠近阳光 / 求真选编. — 北京：民主与建设出版社，2014.9

ISBN 978-7-5139-0427-8

Ⅰ.①踮… Ⅱ.①求… Ⅲ.①人生哲学—通俗读物

Ⅳ.①B821-49

中国版本图书馆CIP数据核字(2014)第191547号

出 版 人　许久文

责任编辑　王　越

策　　划　学海伟业

装帧设计　李俏丹

出版发行　民主与建设出版社

电　　话　（010）59419778　　59417745

社　　址　北京市朝阳区曙光西里甲六号院时间国际8号楼北楼306室

邮　　编　100028

印　　刷　北京建泰印刷有限公司

成品尺寸　710mm×1000mm

印　　张　14

字　　数　180千字

版　　次　2015年1月第1版，2015年1月第1次印刷

书　　号　ISBN 978-7-5139-0427-8

定　　价　25.00元

注：如有印、装质量问题，请与出版社联系。

目录 CONTENTS

🌸 第二章　在冬天说我爱你

🌸 第三章　不要让太阳再流泪

🌸 第四章　　如果再给一个开始

🌸 第五章　春风何时会到来

第六章　踮起脚尖，靠近阳光

第一章
人生由自己主宰

意外的成功

[美]格丽斯·桑普斯

1922年，我从加州大学表演系毕业后，独自一人来到纽约投奔我儿时的好友艾芘，渴望能在百老汇的话剧舞台上实现自己的梦想。

然而，在百老汇，没有哪一个剧团愿意给一个没有背景、又不是选美冠军的女孩机会。经过十多次面试之后，我的积蓄越来越少，不得不到一家餐厅的衣帽间打工，靠每周七十多块钱的收入勉强度日。终于，父亲在电话里说，如果到圣诞节我还是无业游民，就必须回家到他的公司上班。

刚巧这时艾芘所在的剧团有一个空缺，她为我争取到了3分钟的试演机会。我决定和命运最后赌一把。我用最后的一点钱买了当天夜里的返程机票，心想：如果选上就留下，选不上，就立刻坐飞机回家，让那些不知天高地厚的梦想从此结束！

那天上午，我早早来到排练场，结果发现有十几个窈窕淑女排在我前面，我是第17号，要到下午才轮到我。看着一个个穿着入时、形象姣好的候选人，我简直是"鸡立鹤群"。

中午，我想到了百老汇大街上的百欧思则，那里是嬉皮士和著名人士的聚集地，据称是纽约最地道的意大利餐馆。既然留下来的希望渺茫，最后去感受一下百老汇的气氛也好啊。走进餐厅，看到女招待递过来菜单，我这才意识到这里的价钱比一般餐馆贵了好几倍。而买完机票我只剩5元2角钱，连付小费可能都不够。我小心翼翼地对一脸不耐烦的女招待说："呃，还有再便宜些的菜吗？比如什锦色拉之类的？""对不起，没有！我也不为乡巴佬提供服务。"人高马大的女招待有意把尖厉的声音提高了八度。其他客人不约而同地抬起头看着我们。我从容自若地站起身，微笑着说："没关系，我刚巧也不接受势利眼的服务。"四周传来一片笑声，我甚至听到有人在鼓掌。

"我也是，"坐在我邻桌的一个长着络腮胡子的大个子一边鼓掌一边说，"看来我们要另找地方吃午饭了。"他走过来很礼貌地为我拉开椅子，和我一起昂首阔步地向大门走去。满脸乌云密布的女招待这时才从震惊中回过神来，悻悻地对我说："从来没遇到过像你这样的家伙。"我开心地回答道："那是我的荣幸。"然后头也不回地跨出了百欧思则的门槛。

站在大街上，我和大个子终于忍不住大笑起来。"我知道一个做地道的意大利粉的地方，绝对不超过5元！怎么样，要去吗？"几分钟后大个子强止住笑，建议道。也许是被他的幽默感染了，也许真是饿昏了头，我听见自己说："为什么不！"

十分钟后我们坐在一个狭窄却整洁的小店里，店主的英文不敢恭维，但他端出的香肠粉则刚好相反——是我有生以来吃过的最地道的意大利粉。大个子显然是这儿的常客，一边吃一边给我讲这家老板的趣事。饭后店主的小儿子为我们端来甜点。也许是首次做服务员太紧张，他不小心碰翻了大个子的杯子，柠檬茶溅了大个子一身。尽管我和大个子再三安慰他，但那可怜的孩子仍然满脸沮丧和歉意。趁着大个子没留意，我一回手把自己的水杯也打翻了，顿时地上又出现了一大摊水，我的衬衫袖子也被弄脏了。"啊，对不起！我都二十多岁了，还经常碰翻东西，如果你爸爸问起来，请代我向他道歉。"我故意大声说，小家伙终于又露出了灿烂的笑容。

一抬头看见大个子正专注地盯着我看，显然我的小伎俩没能瞒过他的眼睛，不过他装出什么也没看到的样子，很快转移了话题："这么说你大学毕业了，打算干什么？""嗯，我想演戏。不过我最大的问题是一张嘴观众就笑个不停，不管多惨的悲剧，只要我一说台词，不知道为什么总有人笑。"我沮丧地说。大个子感兴趣地盯着我的脸，仿佛想从上面找到宝藏似的。"我今天下午还有最后一次试演机会，如果不行，晚上我就回老家。""有多大把握？"大个子关切地问。"我有95%的把握———95%的把握被淘汰。哈哈！"我一副满不在乎的样子，其实心里一点儿也笑不出来。

我们各自付过账（留下小费后我还剩两角钱）在店门前道别时，大个子突然说："作为感谢，你不介意带我去看你试演吧？""当然不介意。只要你发誓到时候一定不要笑。"

一小时后，我面对几位导演，朗诵自己精心准备的台词。但即使是外行也看得出气氛有些不对，本来是狄更斯的经典悲剧，但台下却传来阵阵笑声，只有艾芘和后排的大个子努力做出严肃的样子，但我可以看到他们眼睛里仍有抑制不住的笑意。试演后我得到剧团秘书一个简单而礼貌的答复："一有消息，我会立刻联系你。"我知道我已经没戏了。

艾芘送我到剧院门口，眼角还带着笑意："嗨，格丽斯，刚才那几个导演都说你是喜剧天才呢！要不要再留下一段时间，看有没有试演喜剧的机会？"我强作笑脸答应着，心里却酸酸地痛。我最后的希望破灭了，大家都在笑我，连老友艾芘也开始嘲笑我了，所谓"试一试喜剧"，无非是想婉转地告诉我："你没有演舞台剧的天赋，该适可而止了。"离飞机起飞还有五个小时，我知道是回家的时候了，虽然没在百老汇找到机会，但能和一个有趣的家伙一起吃顿饭也挺值得，确切地说自从毕业以后我还是第一次这么开心和放松。

这时我才猛然记起大个子还在排练场里，刚才我从后台出来时忘了和他道别了。虽然我此刻心情很不好，但我还是决定和他道个别，因为我觉得就这样不辞而别是不礼貌的。让我做梦都想不到的是，正因为我的这个想法，我的后半生因此被改变。

我正要回去找大个子时，却看见他手里拿着一叠表格从后台出来："格丽斯，我是乔治·贝恩姆。因为中午吃饭时我刚演出完，还没来得及卸妆，对不起。"说完，他取下了粘在脸上的络腮胡子。我的嘴张成"O"字形，天啊，没错，他竟然真的就是大名鼎鼎的喜剧"新王子"乔治·贝恩姆！他怎么会知道我的名字？大个子，不，乔治微笑着说："我马上要去新泽西的纽瓦克巡回演出，需要一个搭档。这儿的导演是我的好朋友，让我看了你的申请表，我觉得很合适。怎么样，要试一试吗？"

我激动得说不出话来，只是拼命地点头，觉得心像张开的帆一样一点点地鼓起来。

很快，我就不可阻挡地"红"了，一年后，"格丽斯"这个名字在美国已经家喻户晓。

5

因为失败，所以更爱

［美］乔安娜·戴维斯

这是一个阳光明媚的日子。一位犹太学者陷在他那张宽大而舒适的办公转椅里，注视着我，一边抚摸着他的胡须，一边叹了口气。

他说："你已经离婚了，现在你想嫁给这个优秀的男孩，有什么问题吗？"

当时我真想尖叫。有什么问题？首先，我的年龄比他大；其次，也是最重要的一点，我是离过婚的人啊！

"您难道不认为，"我结结巴巴地说，"离过婚的人就像一件已经被损坏的物品？"

"这样吧，我们来打个比方。假如说你要做一次外科手术。而你必须要在两个医生中选择一个来为你做手术，一个是从医学院刚毕业的新人，另一个是有着丰富临床经验的老医生，你会选择谁？"

"当然选择那个经验丰富的老医生了。"我不假思索地答道。

"我也是。"他注视着我的眼睛说："所以说，在婚姻生活里，你就是那个有着丰富经验的老医生。这并不是一件多坏的事情啊！"

"我们的婚姻往往充满了变数，它就像是一条随波逐流的小船，无所畏惧地向前急驶，但有时会陷入湍急的暗流，碰到暗藏的礁石。而这些潜藏的危机，婚姻中的人们却常常发现不了，等到发现的时候，却已经太迟了。在你的脸上，我看到了过去那次失败的婚姻为你留下来的痛苦。所以，当你再次坐上婚姻小船的时候，你就会特别注意那湍急的暗流，你也知道如何躲避那潜藏的暗礁，总之，你会非常警惕，非常小心。你会成为那位经验丰富的老医生。请相信我，那并不是一件坏事，真的不是！"

说完，他站起身，走到窗前，透过百叶窗的缝隙向外张望着。"我刚结婚不久，我的妻子就去世了。我经常想起那些我从未对她说过的话，想起在第一次婚姻里被我错过的那些机会。我相信，对我现在的妻子来说，我一定是一个好丈夫，因为我曾经失去过一个女人。"

我深深地折服了。

接下来，就在那年十月的一天，他为我主持了婚礼。

光阴似箭，日月如梭，转眼16年过去了。在这16年里，每当我发现我们的婚姻出现危机时，我都会及时地发出警讯，和丈夫及时地交流、沟通，把危机消灭在萌芽状态。

我永远都会感激那位犹太学者送给我的这份无价的礼物，在我们的生命中，我们所有的经历不仅不会降低我们的价值，反而会增加我们的价值；不仅不会降低我们爱的能力，反而会使我们更加懂得如何去爱，如何去呵护爱。

人不是被注定的

王 杰

15岁那年，我还是半工半读的少年。有一次在茶楼打工，肚子太饿了，客人买单离去后，我趁人不注意偷吃了一个客人剩下的叉烧包，谁知被经理看见了，他硬说我偷吃茶楼的食物，我死不承认，经理恼羞成怒给了我一个狠狠的耳光。当时一阵眩晕，眼泪不受控制地流了下来，而我也被开除了。

我一边哭一边走回我租住的地方。其实那只是一个两层铁架床的上层，香港称之为"笼屋"。我跟住在我隔壁床位的老伯哭诉，他慈祥地安慰我，我问老伯："为什么我的命这么苦？12岁爸妈就离婚不要我了，上学受人欺负，打工也被人冤枉，难道我注定要一辈子这么倒霉吗……"

老伯看着我好一会儿，突然笑出了声："嘿！小鬼头，胡说八道！谁告诉你人是要被注定的？要是这样那还有什么惊喜，连做百万富翁也没什么意思了。你这个小笨蛋！"说完他便去上班了。他是个当夜班的保安员，平时总是喋喋不休，我向来把他的话当耳边风，但他这一句"人是不可能被注定的"却把我一言惊醒。

我热爱音乐，无论路有多难走，我都坚持走下去，因为这样我才可以一生无悔。由坚持开始，我的执著、信心来了，10年之后，《一场游戏一场梦》面世了。

《一场游戏一场梦》是我的第一张唱片，它也见证了我生命的转折点。记得唱片推出上市的第一天，公司的一位"前辈"刺我："王杰，你的唱腔实在太奇怪了，你觉得你的新唱片能卖多少？"他的眼神不太友善，但我还是很坦诚地说："应该可以卖到30万张吧。"没想到，不到半天，我的回答就被当成笑话传遍了公司，甚至有人见到我就开始叫我"30

万"——在他们眼里，我是想一夜成名想疯了。看着他们的嘲笑，甚至连唱片的制作人都不帮我说句话。我只有在心里默念着老伯曾经说过的话，告诉自己：人是不可能被注定的，能否改变命运，就靠这一次了。唱片推出的第7天晚上，我下班后坐计程车回家。车窗外不断流逝着美丽的夜景，闪烁的霓虹灯照耀着街上的夜归人，我却无心欣赏，一想到将来，想到自己夸下30万的海口，我的心就一阵阵刺痛。

隐约中，计程车的收音机里传出一个悦耳的声音：接下来播放的是本周流行榜的冠军歌曲。一阵音乐的前奏响起，熟悉的旋律让我的心开始狂跳。主持人继续说："本星期的流行榜冠军歌曲，就是王杰主唱的《一场游戏一场梦》。"那一瞬间，我泪流满面。

第二天，我推开唱片公司大门，所有人的脸都在看到我的一瞬间挂上笑容。之后，我听到很多恭喜的声音，我不断向他们说着多谢，我不知道，这算不算是一场游戏一场梦。改变命运的时刻已经过去，而我也彻底相信了，人是不可能被注定的！

到现在为止，《一场游戏一场梦》已经大概超过1800万张的销量，可能大家不相信，其实我从来没有觉得我红过，而后来感情突变，甚至在官司中家财散尽一切从头开始，我也没有觉得有多气馁。

在世事的动荡中，我对那位老伯的话有了更加深切的体会，人的一生是不可能被注定的，人来到了这世上，就是为了体验惊喜与激情，同时，跌撞和低谷也就是难免的了。有过不一样的体验的人才是真正幸福的人，就像那位老伯，他只是个守夜的，可是谁能想到他心里的快乐与富足呢？所以，尽一切可能改变自己、丰富自己，享受生活中的各种惊喜，这才是我们来到这个世界的目的！

梦想真的能实现

[美] 弗吉尼亚·艾迪

——梦想真的是可以实现的。好多时候不是我们自己没有本事，而是我们故步自封，不愿意去尝试，或者不愿意去努力。

5年前，我到南方乡村搞福利工作。我要做的就是让每个人相信自己有自给的能力，并激励他们去实现自己的想法。

当我来到一个叫密阿多的小镇后，当地政府帮我召集了25个靠政府福利生活的穷人。我和他们一一握手，问他们的第一个问题是："你们有什么梦想？"每个人都是用怪异的眼神看着我，好像我是外星人。

"梦？我们从来不做梦。做梦又不能让我们发财。"其中一个红鼻子寡妇回答我。

我耐心地解释道："有梦想不是做梦。你们肯定希望得到些什么，希望什么事情能突然实现，这就是梦想。"

红鼻子寡妇说："我不知道你说的梦想是什么东西。我现在最想赶走野兽，因为它们总是想闯进我家咬我的孩子。"大家都笑了起来。

我说："哦！你想过什么办法没有？"她说："我想装一扇牢固的、可以防御野兽的新门，这样我就可以出去安心干活了。"我问："有谁会做防兽门吗？"

人群中一个有些秃顶的瘸腿男人说："很多年以前我自己做过门，现在恐怕都不会了。不过我可以试试。"接着我问大家还有什么梦想。一位单亲妈妈说："我想去大学里学文秘，可是没有人照顾我的6个孩子。"我问："有谁能照顾6个孩子？"一位孤寡老太太说："我以前帮助别人带过不少孩子，我想自己能带好那些可爱的小家伙。"我给那个秃顶男人一些钱去买材料和工具，然后让这些人解散了。

一星期后，我重新召集那些穷人。我问那个红鼻子寡妇："你家的防兽门装好了吗？"红鼻子寡妇高兴地说："我再也不用在家守护我的孩子了，我有时间去实现我的梦想了。"

接着我问秃顶男人感想如何。他对我说："很多年前我给自家做过防兽门，当时做得也不好，后来我就再也没有做过。这次我想一定要做好，结果真的做好了。许多人都说我很了不起，能做那么结实漂亮的门。"

我对需要帮助的穷人们说："这位老先生的经历是个很好的例子。它说明梦想真的是可以实现的。好多时候不是我们自己没有本事，而是我们故步自封，不愿意去尝试，或者不愿意去努力。"

5年后，当我到密阿多回访时，当年那25个穷人中，只有6个智力低下的残疾人继续靠政府福利，其余19人都过上了自给自足的幸福生活：红鼻子寡妇种的咖啡收成很好，秃顶男人成了当地有名的木匠，孤寡的老太太开了个托儿所。那个上完大学的单亲妈妈最优秀，她开了一家大家具公司，吸收了许多需要帮助的人到她的公司来就业。

校准前进的方向

林西

康多莉扎·赖斯，在她15岁时便成为丹佛大学的学生。19岁时，赖斯获得丹佛大学政治学学士学位。之后，她又分别于1975年和1981年获得圣母大学的政治学硕士学位和丹佛大学国际研究生院政治学博士学位。1981年，年仅26岁的赖斯成为斯坦福大学的讲师。1989年1月，刚满34岁的赖斯出任乔治·布什总统的国家安全事务特别助理。1993年。赖斯出任斯坦福大学教务长，她是该校历史上最年轻的教务长，也是该校第一位黑人教务长。2005年1月出任国务卿，她是继克林顿政府的马德琳·奥尔布赖特之后美国历史上第二位女国务卿。

康多莉扎·赖斯是个黑人，1954年出生于美国亚拉巴马州伯明翰，父亲是基督教堂的牧师，母亲是音乐教师。在她很小的时候，父亲就常带她去听教会里的各种音乐会和唱诗，耳濡目染加上天资聪颖，赖斯从小就显示出非凡的音乐天赋，还不会认字就先学会了认乐谱。她3岁开始跟着母亲学钢琴，4岁时就开了第一个独奏音乐会。人们把她看作音乐神童，自然，父母也竭尽全力为她铺平音乐之路。

20世纪50年代至60年代，亚拉巴马州是美国种族歧视最严重的地方。在那里，黑人被认为是劣等民族，公共汽车上黑人只能坐后座，黑人白人不得同校学习，不得在一个泳池游泳，甚至不得使用同一个厕所……赖斯就在这种极端的种族歧视中长大。有一次，她跟着母亲去商场买衣服，看中了一款漂亮的公主裙，刚想试衣，却被售货员拦在试衣室门口，理由很"充分"：商场里的试衣室只对白人开放，黑人不得入内。这件事深深刺痛了她幼小的心灵，她发誓将来一定要出人头地，要用成绩告诉全世界：黑人绝不是劣等民族！

毫无疑问，音乐就是证明自己的最好途径，她梦想成为世界一流的钢琴演奏家。母亲却告诉她一条残酷的规则：只有你做得比白人孩子高出两倍，才能和他们平等；高出三倍，才能超过对方。她谨记母亲的教诲，发奋学习连跳两级，提前完成了初中学业，而她深爱的钢琴也一天没有落下。15岁时，她如愿进入著名的丹佛大学音乐学院，学习钢琴演奏，朝着既定目标稳步迈进。

但是谁也没有料到，后来发生的一件事让赖斯彻底改变了人生航向。

大学二年级那年暑假，她有幸参加了著名的阿斯本音乐节。在那儿见到的几个音乐奇才，令她大感震惊。在她看来，几首难度很高的曲子，几个十来岁的孩子竟然弹奏自如，而她勤学苦练好几年，也无法达到孩子们的水平。她突然意识到天外有天，自己的音乐天赋远不及这些孩子，如果还要坚持朝音乐方向发展，将永无出头之日。既然音乐不适合自己。无法做到世界一流，不如趁早放弃，另觅他途。

这是极为冒险的想法，当她征求父母意见时，父母都以为她头脑发热，坚决反对。但她义无反顾，毅然放弃了为之奋斗近20年的音乐梦想。她冷静下来，开始调整方向，感觉自己更适合学习政治，随后她转入了丹佛大学国际关系学院。

以后的事实证明。这次及时转向为她的人生揭开了崭新的一页，并且使她创造了美国黑人女性的历史。26岁那年，她以优异的成绩取得政治学博士学位，并破格成为斯坦福大学助理教授——当时唯一的黑人教授。因为独到出色的政治见解，她渐渐在美国政界声名鹊起，后来又被邀入白宫，从此如鱼得水，大放异彩，开始了辉煌的政治生涯。2004年底，赖斯成为美国第一位黑人女性国务卿，被称为华盛顿最有权力的女人。

不难想象，如果没有那次及时果断的转向，现在的赖斯顶多是个二流钢琴师。同样是转动，当车轮跑出老远时，陀螺却仍在原地打转，故步不前。只顾埋头拉车，不会抬头看路的人，难免要头撞南墙。正确的人生方向至关重要，当我们发现自己付出太多，却收获无几时，一味抱怨毫无意义，不妨问问自己：方向对了吗？

第一章

人生由自己主宰

向柔软鞠躬

邓书林

郊外的一个别墅小区里，有一位老花匠。老花匠每天种花、浇花、修剪花，日出而作，日落而息。他服务的对象，是这个城市里最有身份和地位的人。那些人腰缠万贯，一呼百应，每天开着轿车往来于城市中心和这个别墅群之间。那些人脚步匆匆，左右着上海前进的步伐。老花匠则不紧不慢，穿梭在花丛之间，树枝之下。

他向西装革履、高贵优雅的先生女士们微笑、点头，甚至还和他们打招呼，那些人很有礼貌，对他的问候总是报以矜持的微笑。但老花匠明白，自己和人家永远是两个世界的人。他不知道那些人在忙些什么，想些什么，自己只是一个从乡下到城里来打工的人，没资格认识他们。自己只要照料好每一块泥土，让泥土上的鲜花愉悦那些匆忙的人，就足够了。

有一天，老花匠倒在了泥土上。他得了急病，昏迷过去。保安赶紧报告物业公司的经理。"老花匠病了，需要送医院，现在他身上没有一分钱，请大家伸一把手吧！"小区的广播里立即播出了这个消息。一些门打开了，一些急匆匆的脚步停下了，就在等救护车的几分钟里，一张张票子揣进了老花匠的兜里。

几天后，老花匠顺利出院了，从乡下赶来的女儿把他扶回小区。那些西装革履的业主，见到他，依然矜持地对他笑笑，和他擦肩而过。但老花匠感到自己和他们不再有距离。他找到物业经理，找到保安，要谢谢那些解囊相助的人。可是，没有人能提供一份名单。显然，他也不能挨家挨户敲开门去询问。

女儿搀着老人，徘徊在小区的楼群之间。天色渐晚，灯光亮起来了。昏黄的、明亮的，整个小区星星点点的光亮，晃在老人的脸上。他在每一栋楼前停下，认真地站好，深深地弯腰，鞠躬！

　　坚硬的城市，在坚硬的外表下还有这么多柔软的地方。

　　他向这永不蜕变的柔软鞠躬！

压力即动力

[德] 鲍勃·克林斯曼

1966年，爱尔兰所有银行罢工，而由于当时人人诚信，各大小商铺纷纷自行印发支票簿。你可以开出没有银行名称的支票，待罢工结束再偿还。那年我26岁，任职教师，和父母及两妹一弟同住，每天前往都柏林上班。

我喜欢查看地图，也爱读旅游文章，老是担心自己没走遍全世界便撒手尘寰。虽然我已去过好些地方，但确实不够，连"还可以"也说不上。这都怪我一直手头不宽裕———当教师的周薪只有17英镑。银行大罢工期间，我灵机一动想到了个主意：开张1000英镑的支票拿去兑现，然后环游世界。我知道有位男性朋友会有这么多钱，他是律师，我告诉他我在"芒斯特及莱茵斯特银行"有37英镑存款，现在想兑现一张1000英镑的支票，"行，没问题，"他说，"我乐于帮忙。"我于是得到了1000英镑。

其后，我写了封信给那家银行的经理："雷迪先生台鉴：本人谨通知阁下，本人已透支了一点信贷额。"信贷额！我的存款只有区区37英镑！"本人原打算先与阁下商谈再透支，可惜贵行正在罢工。"可惜？才不是呢！

我有位表叔在香港高等法院当首席法官，比我们富有得多。他每次回爱尔兰探望我们，总会说："你们一定要去香港玩玩，在我家住几天。"他心里有数，知道我们谁都不会有钱去的，但有一天，他忽然收到一封信，通知他，他家族嗓门最响、个头最大、举止最粗鲁的女性即将到访，我发现有艘客轮"越南"号会取道苏伊士运河前往香港，途经吉布提、孟买、斯里兰卡和泰国，都是我一直渴望一游的地方。我登上客轮，了无牵挂地踏上旅途。那段日子真是快乐极了！我遇到许多不可思议的人物，令人眼界大开。

我终于抵达香港，在香港山顶区一幢豪华房子里作客，住了两个半星期才回都柏林。这次旅行刚好用了1000英镑。

我买了礼物送给家人，也准备了礼物送给那位银行经理，因为知道回国之后一定会有麻烦。我当然不是杞人忧天，我还没抵达香港已有一封信在等着我，信封背后印有"芒斯特及莱茵斯特银行"的字样，信中字句充满火药味。"阁下未与本行商议便擅自从阁下账户透支963英镑，本行深感不安，阁下如今身处香港，本行更感不安。"

我去见雷迪先生。因为不知道他喜欢什么，所以我买了3份礼物送给他。第一份是个精巧的望远镜，第二份是盏小鸦片灯（"雷迪先生，这小摆设现在很热门，送给你放在架子上"），我听说他和太太都是天主教徒，因此又买了串念珠送给他。

我记得他当时曾用力狠拍桌子一下，桌上的3份礼物都跳了起来，"不要用我的钱买礼物给我！"他怒吼，"告诉我，你打算怎样还债？"

"这样吧，"我说，"一星期还4英镑。"我在飞机上计算过，我只能负担这么多。他说不行，然后问："你没办法多赚点钱吗？"我回答："试试看吧。"

于是我开始写作，我从没有生养过孩子，却写了一本育婴指南，我也写了差不多6个月的星座运程预测———自此我再也不相信星座，因为我所写的全是凭空杜撰。

不知何故，我的收入突然大增，没用一年便偿清债务，我拜访雷迪先生："我已偿清欠款了，是吗？"他说："是的，你真棒！"然后用力拍了我的后背一下。

许多年后，我已小有名气，有一天在公车上碰到雷迪先生，他随即对车上所有人说："瞧见那位女士没有？我是她人生中第一个激励她奋发向上的人。"我对车上的人说，实情大概是如此。

第一章

人生由自己主宰

其实，不管雷迪先生当年的真实想法是什么，但毫无疑问的是我心血来潮的举动使我从他那里得到了压力。在压力的挤迫下，我平淡的人生出现了另一条道路，随着这另一条道路的出现，我的思维开始扩大，令我更开心的是，我发觉外面的世界原来充满着许多机会，就算我丢了那份安稳的中产阶级的教职，也不是什么世界末日，因为维持生活的方式有很多种，这就是雷迪先生给我的"激励"。更确切地说，是压力给了我通向成功的路。在我如今的生活中，我总是以欢呼的姿势迎接每一个大大小小的压力，心里热情地呼喊：来吧！来吧！因为我知道它会给一个沉默的人生带来什么。

上帝开的另一扇窗

钱 宁

他屏住呼吸，瞄准，扣动扳机，一团绿色，应声倒地，悄无声息地淹没在周遭绿色的 "海浪"中。这是一场阻击战。热带草原因战争而处处暗藏杀机。敌对双方都将自己的狙击手布置在阵地前沿，伺机歼灭敌人的有生力量。

他是一名入伍才一个多月的狙击手，已有12名敌人倒在他的脚下。所有狙击手中，他不是射得最准的，也不是埋伏在离敌人最近地点的，但却是最成功的。

他成功的秘诀是在一望无际的"绿色波涛"中，一眼就能分辨出迷彩服的绿色与草地颜色——那是两种不同的绿色：一个稍深，一个稍浅；一个稍亮，一个稍暗；一个是鲜活的，一个是死寂的。

因而，他总能轻易将伪装得与草地一模一样的敌人识别出来，然后，一枪毙命。他就像一个农民，熟练地从庄稼地中挑拣稗子，将它们拔除。而他之所以拥有这种特殊能力，是因为，他是个色盲。他完全不能分辨淡绿色与深红色、紫色与青蓝色、紫红色与灰色。

色盲曾使他痛苦不堪。

有一次他穿了一件灰色外套去上学。没想到一进教室立刻引来同学们的一阵哄笑。一位朋友将他拉到一边，问他怎么穿了一件紫色女装。他才明白，自己没有辨别出衣服的颜色，慌乱之中把姐姐的衣服穿来了，羞得无地自容。

最让他难堪的，是在一次绘画课上，老师让大家画一幅春天的图画。他画了草地、大树、房屋和太阳。老师让每个人展示并说明自己的作品。他向大家介绍，自己画的是绿色的草地、青色的树冠、黄色的屋顶、红色的太阳。片刻的停顿之后，教室里突然发出惊天动地的笑声，原来他涂成了棕色的草地、浅棕色的树冠、黄色的屋顶、灰色的太阳。美术老师给了他80分，并告诉他："你虽然不能分辨一些颜色，但你要坚信，上帝不会少给你一种颜色。"

因为色盲，他无法识别红绿灯，过马路时只能根据车辆的走或停来判断是绿灯或红灯，或者小心翼翼地跟在其他人的后面穿过马路。因为色盲，很多专业受限，他不得不放弃求学。中学一毕业，他就跟着父亲做了农民。战争爆发后，他报名参军，但是体检时，因为是色盲，他被淘汰了。同龄人光荣地为国而战时，他却只能默默地耕田劳作，他恨死了自己的眼睛。

正当他心灰意冷时，部队特招一批狙击手，因为是绿色盲，他拥有了特殊的能力，能从绿色的草丛中分辨出伪装色和绿草的细微区别，从而准确判断出敌人的方位。他被选中，经过训练，被派往了前线。

战争结束后，他被授予了英雄勋章。作为狙击手，他一共击毙了38个敌人。他的名字叫宾得，二战时盟军一名优秀的狙击手。

人生由自己主宰

蒋少华

"当初怎么会生出你这个不听话的儿子！"父母摇着头，一脸无奈；"你真是不可救药了！"老师一副恨铁不成钢的样子……

是的，没考上重点高中，我不禁心灰意冷。父亲的斥责在我眼里成了唾弃，母亲的鼓励也被我视为唠叨。一种难以明说的青春期的叛逆感在我心中升腾，我开始憎恨这个世界，并与父母作对。我16岁了，父亲的巴掌和藤条已无法让我惊惧和恐慌。只要父亲说一句不顺耳的话，即使在饭桌上，我也会当即扔下碗筷夺门而去，然后玩"失踪"，躲在外边与死党们厮混，人间蒸发似的消失三五天后再回家。课堂成了我补充睡眠的最佳场所。

我就这样我行我素。

老师终于放弃我了，因为次次考试我都稳获倒数第一的"荣誉"；父母也终于放弃我了，因为长期的冷战带来亲情的冷漠，他们的心早已疲惫不堪，已不再对一个自甘堕落的人抱有任何幻想。父亲对我说："等你高中毕业，喜欢做什么就做什么吧！"我终于获得了梦寐以求的完全自由，一种再也无人管束的自由。我成了学校最鲜活的反面教材。

就在这时，一个偶然的机会让我对生活的态度发生了根本的改变。

那是一次"学习交流会"，学校高三年级前20名的优等生在小会议室，而排名后50名的学生则被安排在大会议室做分流动员教育。在校两年期间，各种办公室进过不少，会议室却是第一次，那天我竟鬼使神差地进了优等生的地盘却浑然不知。主讲是一位老先生，一个挺有气质的外地教授。他所讲的好像是现阶段中学生应该注意的心理问题，听起来挺无聊的，于是我昏昏入睡。

突然，朦胧中我瞧见政教处主任的眼神奇怪地盯着我，一种不祥的预

感从心头涌起。果然不出所料，当着众人的面，他"请"我出去。"你应该出去！"他气急败坏地对我喝道。"发生了什么事？"老头走了过来。"没什么，"政教处主任瞄了我一眼，不屑地说，"我正要把他赶走。他是我们学校最差的学生！"我瞪着他。心中的欲火在燃烧。老头扶了一下眼镜，认真地端详了我一会儿，"一个挺好的孩子嘛。你怎么能这样对待自己的学生呢？"政教处主任的脸刷地红了。"如果你愿意继续听我的讲座，我将深感荣幸。"老人对我说。

霎时，一股暖流涌遍全身，我仿佛听到天下最美好的声音。一位德高望重的教授对一个不可救药的劣等生说"我将深感荣幸"，我真的受宠若惊。我不是在做梦吧？我激动得说不出话来，深深地向老教授鞠了一躬。

"考上大学只能证明文化知识也许学得还不错，会打球会画画会唱歌会跳舞也仅仅表明一种生活的兴趣与修养，可是我们这些教育园丁却常常忽视了一个最基本的问题：怎样培养学生从小就以积极的心态面对生活，而这才是最重要的。谁也无法知道明天将会怎样，谁也没权力去预言别人的明天，如果觉得生活对你不公平，不妨试着换一种心态生活，你或许会发现，摘下眼镜，蓝天始终还是蓝天……"

会议室里一片寂静，我的心跳得特别厉害，血液沸腾了。对呀，自己的明天谁也无法主宰，除了自己。会议散了，老人叫住了我："同学，你现在是不是差生其实并不重要。重要的是你要懂得尊重生活，实际上也是尊重你自己。祝你快乐！"老人走了，他说的话我当时没完全懂，但我默默下定决心，一定要改变自己！

我现在坐在大学校园一间宽敞明亮的教室里，我从一个特差生变成了一个优秀的大学生。"现在是不是差生其实并不重要，重要的是你要懂得尊重生活，实际上也是尊重你自己。"老人的话一直在激励着我。站在窗前，我摘下眼镜，无论窗外刮风还是下雨，我的心中始终有一片蓝天。

在讽刺中前进

张丽珍

　　玛丽·恩吉尔布莱特从小就刻苦学习画画，也很有艺术天赋，她的梦想是为儿童读物画图。她1952年出生，有两个妹妹。她几乎从能握笔那天起就开始画画了，最早一幅给她自己留下深刻印象的画是她四岁时候画的，画的是她的父母换了一套新衣服准备出门参加宴会。不过，让她印象最为深刻的还是那些儿童读物上的插图。她也因此记住了许多常给儿童读物画画的画家的名字，这些画家的艺术手法给了她很大的影响。高中毕业的时候，她没有听从老师让她报考师范院校将来当一名语文教师的建议，也不想费工夫读大学，因为"我已经做好了投身艺术生活的一切准备。"

　　二十多岁的时候，她从家乡圣路易斯来到纽约希望能找到给儿童读物画画的工作。然而，她去了多家出版社，都遭到了拒绝。有一个出版商甚至讥讽她的画只配用在贺卡上。贺卡上的画没有特别的要求，连小孩儿的涂鸦也是可以的。这样的打击太大了。可是，恩吉尔布莱特心里却豁然一亮，她看到了一个可以尝试的新的领域。这一尝试改变了她的一生。在那次纽约之行四处碰壁之后，她开始为贺卡设计图画，并联系贺卡发行公司。她设计的贺卡受到了越来越多的人的喜爱。1983年，她创建了自己的公司。两年的时间里，她的公司设计生产出近百种贺卡，每年销售业绩逾百万张。

　　她设计的贺卡有着独特的风格。你一旦了解她的创作风格，就可以在二十步开外的地方一眼认出她的画。这些画明亮、有趣，保留了传统的技法。她主张人生要快乐、质朴、幽默、可爱。她说："这个世界应该多一些可爱。"因此，可爱也就成了她的商标和艺术风格。她的名片上写着这样一行字："恩吉尔布莱特是我的名字，可爱是我的招牌。"她经常说：

23

"世界正变得越来越复杂，因此传统的东西可以帮助人们在忙碌的现代生活中找到一处小憩的心灵空间。就像食物需要可口一样，艺术也需要能够温暖人心。"

如今，她画的贺卡每年可以卖出一千四百万张这样惊人的数目。有六座城市有销售她的贺卡的零售公司，还有近二十座城市正在商谈之中。全国现有销售点达二千五百多个，每年的零售金额在一亿美元左右。所有这一切都是从那位出版商的讽刺中受到启发的结果。随着她的成功，她又想起了她要为儿童读物画图的梦想。现在这一切变得容易多了。1993年，她为一本儿童读物插图，这本儿童读物成了一本畅销书。然而，这个时候她有了一个新发现："非常有趣，但说来也怪，我现在觉得自己最喜欢做的事情是做贺卡了。"

举报自己

[美] G·皮卡特

洛克是一名中学生。几年前，父母离婚了，他随爸爸一起生活。但爸爸忙于生意无暇照顾他，他只好寄宿于学校。

一个学期马上就要结束了，按惯例，学校这时要在每班评出一名"最佳学员"并邀请其父母来校参加颁奖典礼。这天早上，班主任艾比娜按照综合打分高低在黑板上写下了洛克和蒙尤斯的名字，进行公示。如果其他同学没有异议的话，那么荣誉就非洛克莫属。

洛克和蒙尤斯住在一间寝室，两人都是艾比娜的得意门生，只是跟洛克相比，性格要强的蒙尤斯稍逊一筹。艾比娜老师不会想到，就在当天午休后她推开办公室门的时候，蓦然发现了一封匿名信。上面有潦草的一行字：洛克并不是最优秀的，请取消他的获奖资格！凭直觉，艾比娜老师一下子就猜到了纸条是谁写的。毕竟，在荣誉面前，谁都不想输给对手。

她决定先了解一下情况再作取舍。于是，艾比娜老师走进了洛克和蒙尤斯的宿舍。呈现在她眼前的是一片狼藉，蒙尤斯正神情焦灼地在床铺上翻找些什么。

"蒙尤斯，遇到什么麻烦了吗？"艾比娜老师关切地问道。

蒙尤斯很是气恼地抱怨道："爸爸昨天给我送来的300美元不翼而飞了，中午我出去一趟回来就没有了，真见鬼！"

艾比娜边帮他翻找边问："哦，你出去的时候谁在宿舍？""洛克，"蒙尤斯的声调高了一些，"但我回来时他已经离开宿舍了。"

艾比娜老师已经猜出了事情的来龙去脉。但她想再印证一下自己的猜想，便问："你这学期的表现很优异，想不想得到'最佳学员'荣誉？"

"当然，我做梦都想！"蒙尤斯毫不掩饰自己的强烈渴望。

艾比娜老师已经得到答案了。她安慰了蒙尤斯一番并给了他一些生活费后，就离开了。她对洛克充满了失望，一个品质有瑕疵的人怎能有资格当选"最佳学员"呢？在这个节骨眼上，怎能不被竞争对手举报呢？

就在她走出宿舍楼时，正巧遇见步履匆忙的洛克。洛克显然已经发现了老师，但他低着头佯装没看见，想躲过艾比娜老师。面对洛克的反常表现，艾比娜更加相信那封匿名信并非空穴来风。

"洛克，抬起头来，看着我的眼睛！"艾比娜老师拦住洛克，"告诉我，今天中午发生过什么事？"洛克的眼里突然闪过一丝惊恐，仿佛一个不可告人的秘密被突然曝光。他低垂着头，结结巴巴地回答道："请原谅，我，我这样做是有原因的。""我不想听你的辩解，你这样做是不对的！你以为你做得天衣无缝吗？洛克，你太让我失望了！"

"老师，我，我错了。"洛克赶紧认错。

艾比娜老师从鼻孔里哼了一声，气呼呼地走了。

第二天，艾比娜老师用嘹亮的声音在班级里宣布：获得本学期"最佳学员"的是蒙尤斯！在艾比娜宣布结果的一刹那，洛克深深地低下了头，显然他已经预知到了这个结果。

一周后，学校的大礼堂里隆重举行了"最佳学员"颁奖典礼，蒙尤斯的父母也应邀而来。他们紧紧拥抱着蒙尤斯说："儿子，你真的太棒了，我们为你感到骄傲！你让我们看到了希望，我们一定会为你营造一个融洽的成长氛围，我们永远爱你！"蒙尤斯眼里流出了喜悦的泪水，这是他多么渴望听到的一番话呀！

漫长的暑假过后，大家又重新回到了校园。按惯例，新学期伊始，宿舍也随之调整。就在同学们热火朝天地忙着换宿舍的时候，蒙尤斯突然气喘吁吁地闯进艾比娜老师的办公室："老师，我的钱找到了！"艾比娜老师疑惑地看着他的手里攥着折叠整齐、有些发潮的300美元。

蒙尤斯兴奋地说："刚才我在调整床位时，发现它们卡在床体与墙壁间的夹缝里，原来我的钱并没有丢！"

唔？艾比娜老师惊诧了："这么说，钱不是洛克偷的，你写的那封匿名信是误解了洛克。"

"匿名信？"蒙尤斯一脸茫然。

"就是那天中午你塞到我办公室的那封'洛克并不是最优秀的，请取消他的获奖资格'的匿名举报信啊。"

"老师，我从来没写过什么匿名举报信啊！"

艾比娜老师努力回忆着那天发生的每一个细节，可怎么也无法给自己一个合理的解释。如果那封要求取消洛克获奖资格的匿名信不是蒙尤斯写的，那又会是谁写的呢？如果洛克那天并没有偷蒙尤斯的钱的话，那么他又为什么如此干脆地承认错误呢？

艾比娜怎么也解不开这个谜底，只好又把洛克叫来办公室。

"洛克，蒙尤斯的钱找到了，我们误会你了，你没有偷蒙尤斯的钱，对不起！"艾比娜老师诚恳地说。

"天哪，难道你们认为蒙尤斯丢钱跟我有关？"这下轮到洛克诧异了。

艾比娜老师沉吟了一下："我不明白，如果蒙尤斯丢钱跟你没有关系，那你为什么那天要向我承认错误，背这个黑锅呢？"洛克显然对那天发生的事情记忆犹新；"背黑锅？我没有这个意思呀，您不是已经发现并且批评了我写那封匿名信的行为吗？我认识到了错误，当然要向您承认了。"

"等一下，"艾比娜老师捂住自己的头，似乎头疼欲裂了，"你说那封匿名信是你写的？"

"是的，那封举报我的匿名信是我自己写的。虽然我很渴望'最佳学员'荣誉，但我觉得蒙尤斯比我更需要这个荣誉。"

艾比娜老师和蒙尤斯都瞪大了眼睛，一言不发地听他讲下去："蒙尤斯是我的好朋友，他家境拮据，他妈妈整天认为蒙尤斯注定和爸爸一样

'是个一事无成的笨蛋'，他爸妈因为他，整天争吵。上学期刚开始时，他就向我倾吐了这些苦恼，并且立下了争当'最佳学员'的目标，想以此来证明自己是优秀的，为这个气氛犹如冰窖的家庭增添一份暖意，而且他上学期表现的确很优异。我的爸妈离异了，我知道失去母爱的痛苦，我不愿让蒙尤斯再受到类似的伤害。所以，我决定把这份荣誉让给蒙尤斯和他的家人。"

洛克讲得很平静，蒙尤斯的眼里早已积满了泪水。艾比娜老师听得目瞪口呆，显然也被洛克深深感动了，但心头仍有个谜解不开："既然这样，你可以名正言顺地将这份荣誉让给蒙尤斯啊，但你为什么要用写匿名信的方式呢？"

"蒙尤斯是个自尊心特强的男孩，我不想因自己的'谦让'而让他的自尊心受到一点儿伤害。我思来想去，觉得写匿名信举报自己是最为稳妥、有效的方式。"

"洛克，我的好兄弟！"蒙尤斯再也控制不住自己了，冲上前去与洛克拥在一起。泪水也滑出了艾比娜老师的眼眶，她伸开双臂将两人揽入怀中，无比诚恳地说："洛克，老师误解了你，请接受我的道歉。虽然你没有获得'最佳学员'的荣誉，但你的品德和言行已经证明了你是当之无愧的，老师为您感到自豪！"

因为我喜欢

赵 照

他12岁这年，一家人去动物园玩，看了许许多多动物，他都不在意，当看到一只老虎的时候，他笑了。他被老虎深深地吸引了，老虎的色彩，老虎的威风，实在太迷人了。为了能够看得清楚些，他甚至靠了过去，却被赶来的父亲拉开了。他挣扎着要上前去看，可父亲却死死地拉着他，还吓唬他说老虎要吃他，他却并不怕老虎。为此，他伤心地哭了一场，他说，爸爸，我喜欢老虎，我要看老虎！母亲上前来对他说，孩子，别哭了，等会儿我们去买老虎！他听了就笑了。

等出了动物园，他们就去买老虎。当然，不是买真的老虎。他们去的是书店，然后，他买了一本全是老虎的书。拿到书，他就爱不释手，如获至宝般如饥似渴地看了起来。那天，为了看那本书上的老虎，他只吃了半碗饭，而且吃得无比欢快。

他太喜欢老虎了。虽然他已经上中学了，但他却常常在课堂上拿出老虎的书来欣赏，为此，他的成绩落下了，老师批评他，父亲母亲也批评他，可他依然我行我素，他总是说，我喜欢老虎。

上美术课的时候，他根本不听老师的安排，他总是画老虎。他想把老虎画得跟真的一样，当然，他受到了老师不少的批评。就是在家里，他在匆匆完成作业之后，也是画老虎。一个一个地画，画了一张又一张纸。父亲和母亲看在眼里，气在心里，拿他没办法。

晚上做梦，他梦见的也总是老虎，甚至很多次，他都被梦中的老虎惊醒，醒来，他却是一脸的笑，虽然梦醒了，但梦中的老虎在他的头脑中却是那样生动，栩栩如生。

15岁这年，他初中毕业，勉强考上了高中。假期，他独自去了动物园，近距离地观看了一回老虎。然后，当场画下了老虎。旁边许多人见了他画的老虎，都不禁为他叫好。那一刻，他是无比地欢喜。这么久以来，他画的虎还是平生第一次被人看好。

他相信他笔下的老虎一定可以画得更好。为此他更努力地画虎。可是在整个高中时期，父亲和母亲加大了对他的压力，绝不允许他再画老虎。只要见了，就把笔纸都毁掉。白天，他没有时间，也不能画虎，于是他就晚上躲住房里偷偷地画。后来让父亲知道了，他就只好先睡觉，等到半夜的时候再爬起来画虎。一天不画虎，他的心里就空荡荡的。只有与虎亲近，他才会感到快乐。

高考了，他自然是没有考上大学，他却一点也不伤心，天天乐呵呵地画虎。父亲和母亲为此都很伤心。母亲对他说，孩子，你看看你，为了老虎，没有考上大学，你就不知道伤心？他说，这有什么好伤心的？这是意料之中的事，我也根本就没想过要上大学！此言一出，父亲和母亲就更伤心了。父亲和母亲决定不管他了。毕竟，他已经18岁了，可以去自谋生路了。

不久，他就和几个没有考上大学的同学去南方打工，可只干了几天，他就干不下去了，不是因为工作太累，而是他心不在焉，他心里想的全是老虎，只要一有空他就画虎，他实在是舍不下他的老虎，几个同学都为他惋惜，说是老虎毁了他。

他背起包裹回到了家。父亲和母亲只得接受了他，毕竟他是他们的孩子。然后，他天天一心一意地画老虎，房里的老虎是越来越多，而家里却因此变得越来越穷。母亲提醒他说，孩子，你已经不小了，不再是个孩子了，你得成家立业，养家糊口，我们不能养你一辈子。我们老了，还指望你呢！

他知道，父亲和母亲一天天在老去，他将是家里的支柱。可是，他又不能放弃老虎，因为那是他的最爱。他希望他画的老虎能够卖钱，那样就可以补贴家里的生活。

有一天，他拿着画的老虎出去卖，只卖出去了一张，价钱是50元钱，可他却欢腾了起来，自己的老虎可以卖钱，自己并不是一无所用。为此，他更有干劲了。后来，他时常拿着自己画的老虎出去卖，可卖出去的却很少，价格也不高，最高的也不过200元钱，虽然入不敷出，但总算能减轻父母的一点负担。

一年过去了，他的几个同学打工回来，一个个都拿回了厚厚的一沓大票子。他们都说他是傻瓜！他们对他说，如果你跟我们一起好好干，不是老想着画虎的话，你也一定可以同我们一样有钱！你不要再执迷不悟了，再这样下去，老虎会毁了你一辈子的！对此，他却说，我喜欢老虎，我是为此付出了代价，但我觉得自己是幸福的！是的，一个人只要做自己喜欢的事，无论付出多大的代价，都会感到幸福。只是，他们不懂。

一年后的一天，一个画家路经当地，见到他的虎，一下子就以一张5000元的价格买走了他3张老虎画。一时之间，人们意识到了他画的虎的价值，纷纷出高价购买。记者们也纷纷上门找他了，他的名字开始出现在报纸、电视上。他成了当地的名人，而且也成了一个富人。以前的画，很快就销售一空。

他的虎被许多画家看好，还被带到了国外，许多国外的画家也上门找他买画，请教画艺。这时候，他笔下的虎不再是几十，几百、几千元钱一幅了，而是几万元钱，最高的一幅，就卖了10万元钱。问及他的画艺，他就笑，他说，我没上过美术学院，也没有人指导我，我喜欢老虎，做梦都想着它，自己就天天画它。画了8年，也就画成这样了。画家们感叹不已。8年就成这样，也太容易了吧，他们有的画了十几二十几年，甚至一辈子，却没有多大建树。可他的艰辛，他们哪里知道；他的一心一意，他们岂能相比；他的不计代价，他们何曾有过。而他的喜欢，他们又怎有他这么深厚？！

　　因为喜欢，所以才能一心一意；因为喜欢，所以才能不计代价；因为喜欢，所以才能坚持下去，天天围绕着它；也因为喜欢，他才有了这个缘分，在8年之后，有了收获。有了成功。而这，并不是意外，是一种必然。世上许许多多干出成就、产生奇迹的人，往往都是因为他们单纯洁净、始终不渝的喜欢。

　　因为喜欢，平凡的才不再平凡，普通的才不再普通；因为喜欢，渺小才变得崇高，平庸才变得智慧；因为喜欢，才让这个世界变得如此美好，才让一个个不可能变为了现实。

　　他的虎连同他的故事都被人津津乐道，所有知道他的人都明白：因为喜欢，才有了坚持；因为有了坚持，才有了奇迹的产生。

撑着的日子，不屈的精神

渔 夫

有些人的日子是"浮"着过的，像河里的树叶儿，随大溜，该结婚的时候结婚，该带孩子的时候带孩子，一晃，头发就白了。而另一些人，运气没那么好，日子是"撑"着过的，得走一步说一步。

本来，她的生活应该是和村里人一样的，没想到却着了那场火，就让平平展展的日子拐了弯。她3岁的儿子被烧得一塌糊涂，原本粉红的小脸变得面目全非。老实本分的丈夫借不着钱救孩子，在房梁上套根绳就要往里钻……

她疯了似的"啪啪"打了男人几耳光，一狠心把身上淌着黄水的孩子抱回了家。她和命较上了劲，横下心就这么过，倒要看看还有什么倒霉事。

儿子两腿弯成了90度，成天蜷在床上。她从外面听了个主意，没顾儿子撕心裂肺地哭，把孩子的双腿用绷带缠上，试着分开。终于有一天，孩子说："妈妈，我想站一站。"她就在孩子身后，看着他用仅剩的三根手指支撑着，往起站。儿子的脸痛苦地扭曲着，她忍着没扶他。待他摇摇晃晃地站起来时，她冲出门，在外面大哭了一场。

等孩子到了上学的年龄，背着书包在前面走，她在后面默默地跟着。到了教室，同学被他狰狞的面孔吓着了，谁也不愿意和他同桌，他悄悄地把头低下。她在教室外，偷看着儿子的反应，见儿子低下了头，心里一阵难过，可看了一会儿，儿子又悄悄地抬起了头，眼睛坚定地盯着黑板。她在外面，哭着跑开了。

她总是在儿子身后默默地注视，从小学看到了初中。

几年后，幸运降临到这个苦难之家。她的儿子竟然以总分第一的成绩考进了镇里的重点高中。她担心肢残的儿子不能独立生活，却发现儿子在家里悄悄地练习洗衣服。惊讶不已的她没吭声，躲在一旁偷偷地看着儿子忙活了两三个小时，才洗好了一件衬衫。

儿子说，每一次我都知道，妈妈在身后看着我呢。所以，我无论做什么事都不会让她失望。这身后的目光，不断补充着这个年轻人的心理能量。即使在动手能力很强的化学实验室，他竟然也得了满分。毕业的时候，他以常人不敢想象的付出，换取了一张大学录取通知书。

其实，在儿子住校的3年里，她克制着自己，一次也没去看过儿子。而儿子所感受到的，那来自身后的目光，又分明无比地真切。在买不起汽车、手机、笔记本电脑的家庭里，那目光是宠爱的唯一形式，儿子又怎会感觉不到呢。

弗洛伊德曾说："受到母亲宠爱的人，一辈子都会保持着成功的信心。"我们也许不用再抱怨为什么自己总是那么背了。只有"撑"着的日子，才能给予孩子们那种叫做"不屈"的精神财富。

给总统写信的孩子

陈海波

美国国家档案管理总局保存着一批最新解密的档案资料，其中包括近二十封不同时期的小孩写给当时美国总统的信件。通过这些内容各异、充满童趣的书信，我们可以看到，即使面对总统，孩子们也可以直呼其名，畅抒己见，毫无因地位的不同而产生的尊卑之感。这种平等的交流方式，不仅表现了美国总统平易近人的领袖风范，更表现了普通人自尊自信的品格。

给总统写信的孩子也成了总统

1940年，罗斯福总统收到古巴一个12岁男孩的来信。"我亲爱的朋友罗斯福总统"，这种称呼在给总统的信中非常罕见。小男孩说："我是一个古巴的儿童。我的家离你住的地方好像不太远。我是个聪明的孩子，虽然只有12岁，却经常思考问题。"看来他说的一点不假。此时此刻，他显然在思考如何向美国总统开口索要他想要的东西。"我喜欢收藏一些有价值的物品，比如美钞。你能不能给我一张10美元的钞票？至今我还没见过绿色的10元美钞呢！你一定会满足我的愿望。难道不是吗？"信末的签名是龙飞凤舞的"菲德尔·卡斯特罗"。

美国外交部很快给予了答复。这件事在卡斯特罗就读的学校引起了轰动。然而这个孩子的愿望并没有得到满足，因为信里没有附上一张10美元钞票。

罗斯福总统怎么也没想到，当年那个向他索要10美元钞票而遭拒绝的12岁的古巴学生，日后却让美国人伤透了脑筋——为了防范他的进攻，美国花了成千上万的钞票。

就在给罗斯福总统写信19年后，卡斯特罗推翻了巴蒂斯塔的独裁政府，建立了革命政府，同时也拉开了美国与古巴之间敌视的序幕，而且一直持续了四十余年。

另一名给罗斯福总统写信的小孩，日后也成了声名显赫的人物。他写信给总统，是为了表达自己的谢意。

同样是在1940年，罗斯福寄了一套邮票和一本相册给马塞诸塞州一个9岁的孩子。这个男孩看上去很有教养，他立刻写了回信："亲爱的总统先生，我非常喜欢你送我的邮票和相册。我刚开始集邮不久，妈妈说你也热爱集邮，我很想有机会看看你的集邮册……爸爸、妈妈让我向你致以衷心的问候。"信末的签名是：约翰·肯尼迪。

他就是美国第35任总统约翰·肯尼迪，也是美国历史上最年轻的总统。

从卡斯特罗的信中，我们似乎可以体味到一种顽皮而霸气的个性，这种个性恰好在他后来的领袖生涯中得到了全面的体现。而肯尼迪却是温文尔雅的，对于至高无上的总统，他只有礼貌，没有卑微。

不过想和总统拉拉家常

并不是所有给总统写信的孩子后来都成了大人物，他们中的大多数成人之后还是普通人，他们信中谈论的也只是日常生活中人们关注的事情，比如宠物、疾病、青春期之类。

1947年，杜鲁门总统收到一位朋友寄来的一个柳条箱，箱内装着一只叫菲拉的小狗。消息传出后，俄亥俄州一名叫菲利斯的小姑娘马上给总统写了信，信封很别致，有一个精灵和松鼠在窃窃私语，下面的配文是：你我之间的秘密。

信中写道："亲爱的杜鲁门总统，我也养过一只叫菲拉的可卡犬，14

岁那年它死了。现在又养了另一只小可卡犬，还叫菲拉，已经5个月大了。希望我们的可卡犬菲拉健康长寿。"

杜鲁门总统的可卡犬的确长寿，它在俄亥俄州一家农场度过了幸福的晚年。

1973年的夏天，正值"水门事件"的前夕，尼克松总统因患病毒性肺炎住院。他的健康状况引起了8岁男孩约翰·詹姆斯的关注，他给总统的信中写道："亲爱的尼克松总统，听说你得了肺炎，我也不幸得过一场肺炎，刚刚治好出院，希望你的肺炎不是从我这儿传染的。"

在总统康复期间，约翰还给了他不少建议："你要学乖一点，听医生的话，像我一样多吃蔬菜，按时吃药、打针，8天就可以出院。真的，请相信我。"尼克松当时的日食蔬菜量无据可查，但他确实8天就出院了，和约翰一样。

10岁的凯莉·赫尔曼住在华盛顿，她竟然想借地利之便，差遣一下布什总统。她在2004年1月给布什总统的信中写道："亲爱的总统先生，这个周末我要去圣迭戈探访我的表姐，你能不能来我家帮我照看一下我的两只猫？多毛的那只是毛毛，另一只叫喵喵。它们不会去你的房间骚扰你的，除非它们想喝水了。可以吗？我很乐意将家里的钥匙留给你。"

布什总统喜欢和小朋友打交道，至于有没有帮凯莉·赫尔曼看管两只猫，就不得而知了。

在美国孩子的眼中，总统和邻家的大叔没有什么区别。这样平等亲近的心态，使他们有了主人翁精神。正是这种精神，构成了美国文化的精髓。

希望得到总统的帮助

因为总统位高权重，所以，更多的小孩写信给他们主要是为了求助。卡罗琳·韦瑟霍格给罗斯福总统写信的时候只有10岁。那时正值二

战，她请求总统不要把她爸爸送上战场，她在信中说："亲爱的罗斯福先生，我想给您提个建议，为什么不按姓氏首字母顺序来征兵呢？"

由于韦瑟霍格的首字母"W"位列字母表第23位，按卡罗琳的想法，按首字母征兵要很久才轮到她的父亲。卡罗琳的稚气建议当然没有被罗斯福总统采纳，但后来据相关人士回忆，总统当时确实为小女孩的纯真和童心所感动，因此还给她亲笔回了信。

1980年，一个名叫朱丽的10岁小姑娘给卡特总统写信道："亲爱的总统先生，今年11月26日我就要满10岁了。有一天在电视上，我看到当年有一个10岁女孩问肯尼迪总统，能不能和他住上一个星期。现在我也请求：能不能带上我在白宫待上一个星期？我在学校学习过白宫的知识，我还保留了你的3张相片。你能答应我吗？"

卡特总统以平易近人著称，在国民中很有人缘。对于这样的少年仰慕者，白宫工作人员自有办法。他们规定有白宫开放日，定期邀请各地小客人来参观。朱丽虽然没有和卡特总统呆上一周，但最后还是一起度过了几个小时。

1984年4月18日，南卡罗来纳州七年级的学生安迪·史密斯致信里根总统："我的房间被母亲宣布为'灾区'，她所说的'灾区'，无非是指我的衣服和鞋袜混乱无序。可是，你知道我对整理房间一点都不感兴趣。因此，我请求联邦基金出资雇人清理我的房间。"

里根回了封信："我相信你的母亲宣布你的房间为'灾区'完全合理，既然是你母亲的裁决，按联邦援助基金的程序，应该向你的母亲提出申请。"

"我们暂且不理援助程序，联邦援助基金今年压力不小，飓风、洪水、森林火灾以及得克萨斯州的干旱接踵而至，相比之下，你的卧室之灾完全可以忽略不计。

"我倒有个建议，你可借此机会发起一场自助行动，配合我们国家正在进行的志愿者项目。"

当时美国政府的财政赤字高达1000亿美元，里根政府正在发起一项志愿者活动，鼓励民众自己解决当地的问题，而不要过多地依赖政府支援。

虽然是向总统求助，但他们并没有将总统想象成救世主。从孩子们理直气壮的话语中，我们可以看出，与其说他们是在求助，还不如说是在命令。而总统为什么不生气呢？

向总统倾诉内心的烦恼

还有些小孩，将总统先生当成解惑之人，将生活中的烦恼毫无保留地向他们倾诉。

1963年2月11日，一名叫理查德·米灵顿的男孩写信给当时的总统肯尼迪："美国人如此注重身体健康，而且有总统你作为我们的表率，为什么很多为人师表的教师却仍然大腹便便呢？"理查德进而建议肯尼迪总统："总统先生，为了保证我的建议得到落实，国家应该出台一个规定，所有老师必须有健康的身体和漂亮的体形。"

无论如何，儿童给美国总统们的信，足以说明这样一个事实：人生而平等，每个人都有表达愿望的权利，不管这个愿望是多么幼稚可笑。

第二章

在冬天说我爱你

在冬天说我爱你

苏打水

当物质生活逐渐丰富的时候，快乐变得有了价码。

日子变得愁云惨雾

我的女朋友小艾今天交给我一张信用卡账单，两千块。我看着那个火烫的数字，感觉额上的青筋都在不受控制地乱跳。

我说小艾咱能不能不这么花钱？金融危机波及全球你又不是不知道，深沪股市双双狂泄，我们做投行的，分分钟都像踩在刀尖上。你这么花着我的血汗钱真的就那么心安理得吗？

我的说教很冗长，指责也很激烈，小艾把账单一把抢过来，冷冷地说，那我自己付好了。然后她摔门而去。

公平一点说，小艾并不是一个纯粹的物质女，她也懂得记账与积蓄，只是最近她忽然增加了许多开销。因为老家的妹妹要结婚，一个电话打过来，就连被褥毛巾都要她这个据说在大城市混得风生水起的姐姐买单。

然而我们并非混得很好，我不过是个投资经纪人，说白一点是靠天吃饭。

席卷全球的金融危机袭来时，我们比众多国人更先嗅到了危险的气息。于是，经济的大棒还没有真正砸下来，已经有不少人在心理上首先倒下。

而小艾对经济危机的理解，就是我整天在她耳边唠叨，要节约，要储蓄，以备随时袭来的经济寒冬。开源节流，以前重在开源，而处于现在这种市场萧条，经济滑坡，所有的投资及创业都需谨慎的形势下，重要的却是节流了。

我的恐慌不是没有道理，因为我明白一旦自己失业，或者收入大幅度缩水，对于我和小艾意味着什么。可是小艾说，我一个大男人，整天盯着女人花钱，真是十分的难看。

是很难看，在小艾眼里，一贯洒脱大方的我，忽然就变成了面目可憎的葛朗台，惊恐地干涉着她的花销，显得十分猥琐。

除了限制她花钱，在日常的消费上，我也开始吝啬起来。以前每周必进一次的电影院、牛排馆、酒吧，现在都被我贴上了封条。小艾每每撒娇说，老公我今天不想做饭，我们出去吃吧！我便说，你不想做我来做。然后我卷起袖子进厨房，可是无一例外的鸡飞狗跳。除了把厨房搞得像战场，把食物煮得像煤炭外，还能有什么好下场？最后的结果是，小艾怨声载道地接过烂摊子，把我从厨房赶了出来。

后来，小艾便越来越不爱说话了，整天就坐在电脑前，无聊地翻着淘宝网页。

我随便问一句，你要在网上购物啊？她就怒气冲冲地说，过过眼瘾不行吗？

日子忽然就变得愁云惨雾起来，可是这一切，都是我的错吗？

贫贱夫妻百事哀

贫贱夫妻百事哀。古话之所以能够流传至今，是因为它是一个真理。

在经济危机的威胁下，我和小艾的日子变得百无聊赖，我们变得没有多余的话讲，因为一讲就要扯到钱，扯到节约，扯到害怕失业的恐慌。我想小艾已经听厌了我的唠叨，所以，她决定掩住自己的耳朵。

好吧，你不听，我就不讲，日子就这么过着也行。我们可以像乌龟一样，把头缩进壳里，慢慢等待这场经济危机过去，等待太阳出来，万物复苏。

而事实证明，我的想法太天真了。

因为小艾并没有打算等待。

有一天，同事告诉我，亲眼在咖啡馆看到小艾和一个男人在一起。

我已经很久没有带小艾去咖啡馆了，可是，这并不是她就可以和别的男人喝咖啡的理由。

我没有质问小艾，尽管我越来越闲。公司里的业务量在以惊人的速度锐减，收入缩水已成定局，而我，宁愿把空闲的时间用来蜷在沙发里发呆。反正我们现在也没有话说，问她，势必又要吵起来。

曾看过一个新闻：有一个位于北极的国家，半年的时间是白天，半年的时间是黑夜。于是在黑夜过去后，这个国家百分之五十的家庭都会解体，因为在漫长的黑夜里，他们彼此都快要窒息了，唯有等到光明来到之后狠狠地抛掉一切陈旧腐烂的东西，包括空气，包括伴侣，然后再重新出发。

我想我和小艾正在度过这漫长的黑夜，彼此抛弃的日子终归要到来。这不，她已经开始行动了。而我，除了将悲愤压在心里外，又有什么办法？南方城市的冬天没有暖气，却阴冷潮湿，那种凌厉的冷，丝丝地浸到骨头里，像虫子一般噬咬着我们。

擦鞋女人的幸福

周末出了一点太阳，屋子里的空气居然有了霉味，而且味道越来越大，导致我不得不去外面透透气。巷口有个擦皮鞋的女人，这么冷的天，即使有太阳，那也是软软的没有什么暖意。可是女人只穿着一件款式老土的薄外套，伸着光光的脖子，在那里执著地等待生意。

我走到她面前时，不由自主就把鞋子伸给了她，我并不需要擦皮鞋，可是女人等待的神气打动了我。

43

第二章

在冬天说我爱你

女人活跃起来，一边娴熟地为我的鞋子上油、擦拭、抛光，一边试图与我攀谈。女人说，过几天就是圣诞节，先生擦了鞋子好过节。

我没想到这个农村女人竟然也知道圣诞节，这种只有小艾这样的小资女人才会坚决拥戴的洋节，与普通中国老百姓关系不大。

女人高兴地说，怎么不知道？我老公还说到那天送我一双新袜子呢！

女人大约有三十好几了，可是说到那即将来到的圣诞礼物，她脸上竟有了少女的光泽。

鞋子擦好了，我给了女人平时十倍的价钱。我说，你老公送你新袜子，你可以回赠他一朵玫瑰花。

我给小艾打电话，响了许久她都没有接。我只好一直拨一直拨。相恋六年，我发现自己还从来没有这么焦急过，这个女人就像长在了我的生命里，我从没想到有一天她真正离开我该怎么办。

六年，我记得起最多的就是对她的指责。其实她是个好女人，善于家务，把我照顾得很舒适，喜欢打扮，带出去总是很给我挣面子。其实我是爱她的，否则也不会把经济大权交给她管，默认她是我的妻。可是在一瞬间，我们的感情似乎被经济寒冬给冻住了，现实像海水里的礁石，露出狰狞的棱角。

快乐无价

小艾回电话时，我说，你在哪，我来接你。

小艾低声说，我还是坐公交车吧，要不你又说油价太贵了。

那天我固执地开车去接小艾，然后车子没有直接回家，而是沿着拥堵的解放路，慢悠悠地往前挪。

小艾不说话，坐在副驾上，像只沉默的鸽子。这样兜风的机会我们许久没有过了，因为我一再强调油价太贵，停车费太贵，总之什么都贵。我这时有点不敢想曾经的自己，唠叨的模样，到底有多么的讨厌。

小艾忽然指着窗外掠过的电影海报惊喜地说，半价哎！

曾经的我和小艾，喜欢坐着公车，从城市的这头到那头，然后专门寻找有半价的电影院，找到了，就跌跌撞撞地跳下车。

后来，我们不坐公车了，也不去看半价电影了。因为我们买了车，却很少用它来兜风，有了睡懒觉的习惯，半价电影票早在我们睡醒之前就卖光了。

我们丢掉了许多曾经的好日子。而在风雨中的承受力，还不如一个擦鞋女人，她的生活显然比我们困苦得多，却一直记得将要到来的圣诞节。那个节与她本来没有什么关系。可是对于女人而言，这个节很令人期待，因为会有一双老公送的袜子，礼物很便宜，却一定很温暖，暖到让她忍不住讲给陌生人听。

当我们的物质生活逐渐丰富的时候，却不知不觉被物质束住，快乐变得有了价码，就不再是纯粹的快乐了。

我们也有过拥有一双袜子做礼物便很快乐的时候，可是年代久远，远得记不得了，不是吗？

这天我问了小艾一个问题，我说，小艾，你还爱我吗？

小艾沉吟了许久，她说，如果你要问我和别的男人去喝咖啡这件事，我必须对你说明，那只是一个保险经纪人。我向他咨询在经济危机时，该采取何种投保方案才比较科学和理性。你强调开源和节流，我这么做只是想向你证明，我愿听你的建议，并愿意分担你的忧愁，因为——她停下来，盯着我，一字一字地说，因为我爱你。

45

分享爱的温暖

李昭平

那男子在深夜里偶然遇到了燃起营火的约翰，他看来又冷又累，约翰知道他的感受如何。约翰自己正在旅途中，他离开家出去寻找工作已经一个月了，他要赚钱寄给正衣食无着的家人。

约翰以为这人不过是一个和自己一样，因经济不景气而潦倒的人。或许这人就像他一样，不断地偷搭载货的火车，想找份工作。

约翰邀请这位陌生人来分享他燃起的营火，这人点点头向约翰表示感谢，然后在火堆旁躺了下来。

起风了，令人战栗的寒风，那人开始颤抖，其实他躺在离火很近的地方。约翰知道这人单薄的夹克无法御寒，所以约翰带他到附近的火车调车场，他们发现了一个空的货车车厢，就爬了进去。这车厢的木地板又硬又不舒服，但至少车厢里刮不进风。

过了一会儿，那人不抖了，他开始和约翰说话，他说他不应该在这里，说他家里有柔软舒适的大床，床上有温暖的毯子等着他，他的房子有20个房间。

约翰为那人感到难过，因为他杜撰了温暖、美好的幻想中的生活。但处在这样艰难的境地，幻想是可以原谅的，所以约翰耐心地听着。

那人从约翰的表情中知道他并不相信他的故事，"我不是无家可归的流浪汉。"他说。

或许那人曾经富有过，约翰想着。他的夹克，现在是又脏又破，不过也许曾是昂贵的。

那人又开始发抖了，冷风吹得更猛了，从货车厢的木板缝隙里钻进来。约翰想带那人寻找更温暖的过夜的地方，但当他把车厢门拉开，向外看时，除了飞扬的雪花外，什么也看不见。

离开车厢太危险了，约翰又坐下来，耳畔是呼呼的风声。那人躺在车厢的角落里。颤抖使他无法入眠。当约翰看着那人时，他想起妻子和三个儿子。当他离开家时，家里的暖气已经拒绝供暖了。他们是否也和这人一样在颤抖着呢？然后约翰发现这人并不是孤单一人在车厢黑暗的角落里。约翰看到自己的妻子和儿子在那里，同那陌生人一样在颤抖。他也看到他自己，以及所有其他自己认识的、无钱照料自己家人的朋友们。

约翰想要脱下自己的外套，把它盖在陌生人的身上，但他努力尝试从心中摆脱这样的念头。他知道他的外套是他仅有的可以让他不至于冻死的"救命稻草"。

然而他仍在那陌生人的身上看到他的家人的影子，他无法摆脱给那人盖上自己衣服的念头。风在车厢的四周怒吼着，约翰脱下他的外套，盖在那人身上，然后在他身旁躺下。

约翰等待着暴风雪过去的同时，一阵阵寒意侵入他的体内。过了一会儿，他不再觉得冷了。起先，他还很享受那股温暖。但是，当他的手指无法动弹时，他才知道他的身体正被冻僵。一阵白色的薄雾升上他的心头，意识渐渐模糊。终于，他进入奇特而舒适的睡梦中……

当那人醒来的时候，他看到约翰躺着不动。他担心约翰已经死了，他开始摇他。"你还好吗？"那人问，"你的家人住在哪里？我可以打电话给谁？"

约翰的眼前罩着雾气。他想要回答，但嘴巴却说不出话。

那人寻遍约翰的口袋，终于找到了约翰的皮夹。打开来，他找到约翰的姓名、地址和他家人的相片。

"我去找人帮忙。"他说。那人打开车厢门，阳光照进车厢里。那人走远了，约翰隐隐地听到他踩过新雪的声音。

约翰孤独地躺在车厢里，睡睡醒醒。他的手、脚和鼻子都冻伤了。不

过那个人把约翰的外套留了下来，外套让约翰渐渐暖和过来。火车开始移动，不知道时间过去了多久，火车的摇晃把他惊醒了。

火车停了，火车站的工作人员发现他躺在车厢里，并且把他带到附近的医院。

冻伤使他失去了部分的鼻子，也失去了手指尖和脚趾尖。但更深的痛苦却是他失去了尊严。他怎么能带着医院的账单回家去，而不是带着薪水回去，给家人的餐桌带点食物呢？

他为一个陌生人舍弃他的外套：他冒着生命的危险，只为让另一个人能活下去。而他的妻子和3个孩子现在却必须为他的行为受苦。但是他也不会做出别的选择，他这么对自己说。

感觉对不起家人，他痊愈后，过了一个多星期还不敢打电话给妻子。一个星期日的早晨，他终于忍不住煎熬，拨通了家里的电话。他的妻子听到他的声音激动得不得了。她告诉约翰前些天发生的一件不寻常的事。她说，来了一位陌生人，把一张4万元的支票放在她的手里。那人要她让孩子们吃饱、穿暖。约翰听到这些，明白了为什么自己要把外套给陌生人。他清楚地看见了人与人之间的关系。

"约翰，你认识这个人吗？"妻子问。

"是的，"他回答，"我们共享过一堆营火。

幽香的谎言

陶可文

凯伦是个病恹恹的女人。

她孤身一人，与我的房东住得很近，是好朋友。她们非常要好，可以互相放一套房子钥匙在对方的花园里，以备不时之需。我与她渐渐开始相熟，和蒂娜等人去她家聚会过几次。她因一次感冒没有得到及时治疗，患了心肌炎，又延误成严重的心脏病，已经10年了。这些年来，她没有依靠救济，而是做自由职业者，进行电脑设计。每次去她家，都是由我们来聚会的人自带酒食。

凯伦是一个温弱友善的女子，在她家里的感觉就像17、18世纪法国学术界的沙龙一样，自在、随意、富有情趣。而她就是那个有着良好修养的沙龙女主人，饱读诗书，通达人情，虽疾病缠身，却让每个客人都舒服、自然，如回自家一般。

由于她身体的原因，我们见面的机会并不多，但一个偶然的机会，我开始了解她的生活。那是复活节后不久，房东家来了客人，与我商量可不可以到凯伦家暂住。在凯伦家的一个月，我知道了凯伦竟有一个男朋友，叫大卫。每个周五晚上下班后，大卫都会来看她，为她做晚饭。吃过饭后两人会很惬意地聊天。我不知道大卫是从事什么工作的，他中等身材，一头褐发，五官清秀，彬彬有礼。凯伦身体不适时，大卫会给她读书，一直待到10点多才走。

偶尔经过客厅，看到两人四目相对，含情脉脉。英国春天的晚上依然很冷，但壁炉的火烧得很旺，满屋是暖意和柔情。

每个周五的下午，凯伦都会停止工作，慢慢地将屋里收拾整齐，在客厅里放上几张音乐CD和几本两人喜欢的书。她会很精心地化妆，挑选最喜

49

爱的衣服。打扮过的凯伦，光彩照人，加上她特有的苍白面庞和长长的褐色卷发，便有一种凄艳的美。

当她从我身边飘过，我总能闻到一阵淡淡的清香，香味怡人。我问她那是什么香水，她说那是一种Gloucester郡的香水，香型是空谷幽兰，不是什么特别有名的牌子，但她和大卫都很喜欢。"为什么？"我不禁问。凯伦淡淡地一笑："我没有跟你说过，大卫和我是大学同学，感情一直很好，但由于各自都希望发展自己的事业，所以约定毕业后各自闯荡三五年，然后再谈婚论嫁。但后来，我得了慢性心脏病，不想成为他的负担，虽然他得知我的病后马上赶来向我求婚，但我一口回绝了他。他求了又求，我拒了又拒。他最后一次向我求婚被拒绝至今，也有五六年了吧。但他一直坚持每个周末来看我，我想有这么一个朋友也很好，我们是精神上的恋人，我不知道自己什么时候能好，不知道什么时候死去，有个人常在身边，不孤单。至于这种香水，是大学最后一年的夏天，我们出去玩，在Gloucester郡的一家小礼品店里发现的，大卫说这就是我的气味，你说呢？"我说："只有爱你至深的人才会有如此贴切的形容。"

回到房东家里，我没有提大卫，怕有议论人长短的嫌疑。直到有一天房东问我："你见过那个大卫了？感觉怎么样？"

我说："他们很般配，真可惜。"

房东无奈地苦笑了一下："大卫的第二个儿子已经两岁了。"

"什么？"我非常吃惊，"他已有家庭？"

"是啊，大卫是做出版业的，几年前凯伦最后一次拒绝他不久，他就与一位同事结了婚，现在住在牛津，开车到这里一个半小时。但他还是每个周五来看凯伦，连小孩出生前后都没有间断过。"

"他太太知道吗？"我迷惑了。

"知道，毕竟是知识女性，她了解大卫，大卫非常爱家庭，爱孩子。她知道大卫的取舍，但凯伦实在可怜，她全当这是在做善事。"房东答道。

"你们一定得瞒住凯伦，否则她会伤心。"

房东笑了："凯伦知道，但她装作不知，怕大卫难堪。她说希望能给大卫爱人不能给他的感觉，毕竟两人曾有过太多的共同情趣。他们都想维持一种永恒的情人关系，保留那与众不同的感受。"

我思考着房东的话，在这个3人编织的谎言里，竟体现着如此忍让、宽容的理解。至于，那与众不同的感受，应该是那缕淡淡如烟的兰香吧。

51

那一份温暖的爱

操盘手

　　一连三天，那个小女孩跪在繁华的商场前，膝下压一大张纸，密密地写着家庭困难、无力上学、请求资助一类的话。这样的事早已不新鲜，据说有的失学少女是三十多岁女人扮的。我每日经过她，但也只是经过而已。我赶着去商场附近的美食乐面包坊。大三的课不忙，我在那里做兼职，每天从18点到22点，一分钟不可以休息。

　　我钦佩靠辛勤打拼活着的人，堂堂正正，不卑不亢，我告诉自己也要这样活。我不喜欢被人施舍，也不喜欢施舍他人，我觉得这不关乎所谓的善良或者爱心，而是自尊。所以，我除了象征性地给了那女孩10元钱后，从没想过资助她。

　　北方的四月风依旧凉，黄昏落起雨来。路上行人匆匆回家，街道褪尽往日的繁华。女孩手里握着写满字的纸，站在空荡荡的商场前，无比孤单的样子。我不由多看她两眼。她亦看我，眼中闪着无助的泪光。一个看起来十一二岁的小女孩，用哀哀的眼神看我，我心上泛起微微的疼。忽然，她开口："姐姐，你能给我买个面包吗？"

　　我给她买了面包。她告诉我她叫于小童，12岁，住在鄂北山区一个我从未听过的地方。她说她家原本就穷，她读三年级时，奶奶生病瘫痪在床，爸爸干活的时候从山上摔下来，因为治得不及时，右腿被迫截肢。为筹备医药费，能借到的钱都借了，家里值钱的也都卖掉，还是欠了二万多元的债。那时家里的吃粮都得靠救济了，哪还有钱让她上学呢，她就辍学了，帮妈妈做本不属于她那个年龄做的事。

　　她说她一直想重新读书，后来听说有的孩子被大人领到城里，能赚很多钱，有人还能帮家里盖新房，她动了心，给家里留了字条就偷偷跟别的大人出来了。她说："我没想讨很多，只要讨够让我上学的钱就行。"

我问她："你觉得靠这种方法能有重新回去读书的一天吗？"她的眼神黯淡了，摇头："讨来的钱每天必须全部交给带我出来的大人，她们说替我寄回家里，但我没看见她们寄过。"

关于黑心成人利用伤残和失学儿童进行乞讨的内幕，各种媒体都有曝光。于小童如果继续每日跪在街头乞讨，那么她想重新读书的梦想，或许就只能是梦想了，她的前途也将渺茫成一片空白。

我心一热，给了她300元钱，买张车票，把她送上返回的列车。但我没想长期资助她，一方面我没这能力，另一方面，我不十分相信她说的关于家里情况的话。

我一直觉得，老弱病残，灾难不断，只有故事里才有。

从未想过与于小童再有联系。

一个月后，一封感谢信从鄂北山区飞来，飞成校报的头条。彩色大标题：把爱送给山区孩子的大学生！旁边配着我的照片，一脸勉强的笑。我很恼火，给我贴上爱心的金子，再闹到尽人皆知，想达到让我不得不继续资助的目的吗？未想小小的孩子竟如此狡诈！或者狡诈的是大人。我很气愤，给她回信，告诉她，我的学费也需我自己千辛万苦打工赚取，没有多余的钱资助她，让她以后不要再与我联系。

把信扔进邮筒的一刹那，我就后悔了———于小童只是感谢，并未写其他，也或者她真的只是感谢，不曾想学校会拿此事炒作。我又何必回如此口气冰冷的信？可想到把信取出来，似乎也不十分确定。

信还是邮走了。我心底盼于小童回信，她的辩解，她的诉苦，她的求助，都是让我良心平静的东西。

日历一页一页向后翻，于小童消息全无。夏天了，街上随处可见十二三岁的小女孩，快快乐乐的，咬着冰淇淋在报摊前翻漫画书。我想到于小童，她重新回到她梦想的学校了吗？她家里真像她说的那么困苦吗？

她家里的情况，好转了吗？

午夜辗转难眠，我心生愧疚，我想起那个春雨的黄昏，她泪光点点的眼睛，楚楚可怜地望着我，那样一个脆弱的小女孩，我的信可否伤到她的心？

我毕业论文的选题是《人与自然的和谐与矛盾》，这种选题如果仅靠从图书馆查资料来完成，想不脱离实际是不可能的。我决定暑假去鄂北山区，于小童的家乡，一方面为我的选题寻找真实素材，另一方面，看望于小童，也或者是检视她的家是否与她说的一致。

公共汽车停在一个小镇上，不再向前行驶，前面是崇山峻岭。而这里，离于小童的家还有40里。出租车司机一听去于小童家的地方，全摇头，说跑一趟赚的钱都不够修车———路太难走了。最后好说歹说，才有一个司机肯去，条件是我加一半的价。

近黄昏，到了于小童所居住的山坳。于小童的家比她说的几乎还要穷。破旧的泥草屋，屋内空空如也，只有一台很小的黑白电视，上面贴着某地捐助字样。全家四口人，只有她和她妈妈是身体健全的人。过度的劳累在她妈妈脸上碾出重重的痕迹，是沧桑，看见我的刹那，沧桑的脸上对我展露的，却是我在城市从未见过的最纯粹笑容。

得知我的身份后，他们简直把我当恩人一样接待。想到我对他们的怀疑，我曾经的气愤，我隐隐脸红。

第二日早晨，闻见扑鼻的香味。他们把唯一的一只鸡杀了。于小童妈妈说："这鸡，整日叫，吵死人，一直都要杀的。"可我记得，于小童以前曾与我说，家里的日用品，都是靠鸡生的蛋卖钱换来的。他们的一只鸡相当于我们的一份兼职，为了招待偶施小惠的一个人，牺牲掉财源，不知我们谁会做到？

我打了个喷嚏，她妈妈把她最好的衣服找出来给我披上。嘱我多吃菜，说我这么瘦，如果在这儿吃不饱饿得更瘦，回去我妈妈该心疼了。我使劲忍住，没让眼泪掉下来，我没告诉他们，我很小的时候父母就离婚了，他们各自建立新的家庭，各自有了新的孩子。我上高中后就独立生活了，偶尔例行公事地去看他们，他们对我像对客人，生疏而客气。我从未想到，会在陌生的家庭，得到最真挚的温暖。他们也给我善良淳朴的最好诠释，让我明白"好人好梦"这个道理。

而我却曾一度轻视他们，认为他们试图不劳而获，骗取别人的同情和金钱。看到他们所处的环境后，我知我错了。这里，最好的建筑是半山的希望小学。政府给孩子们免学费，还是有很多人念不起。交通不便，土地有限，物产稀薄，是这里孩子读书的劲敌。

家里穷，读不起书，不是孩子的错，如果我们有能力帮，却不帮，是我们的错。

我告别于小童一家时，怎么都找不到于小童。我看看表，说不等她了。我刚要走，一个小孩跑来告诉："于小童挂在半山的树枝上了。"

我们急匆匆跟那个孩子跑到那个山上，离山顶很近的陡坡上长着几棵果树，零星地结着几个野果子，于小童挂在中间的一棵树枝上。她恐惧地大喊大叫，树枝被她压得摇晃着。虽然这不是悬崖，可也非常陡峭，摔下去后果不敢想象。大家的脸都吓白了，她爸爸让她妈妈赶紧找绳子和去喊人。

来了很多人帮忙。大家把绳子的一端绑在石头上，另一端抛下去，一个攀山好手顺着绳子滑到于小童身边，把她托到绳子上，小童被拉了上来。

我气坏了，觉得这孩子看起来像个小大人，却这样不懂事。我问她："你说，为这几个野果子让父母为你担惊受怕、让大家为你兴师动众，你不觉得惭愧吗？"于小童受惊地看我一眼，从兜里拿出野果子递过来："姐姐，我摘野果子是给你坐车的时候吃。"我顿时说不出话来。半晌，轻轻牵起小童的手，摘下我的腕表，戴在她的手腕上。我知道她半夜

第二章

在冬天说我爱你

时，偷偷抚摸我放在枕边的这块卡通表。

　　虽然于小童和她的父母极力拒绝，我还是坚持要资助于小童的学业，到高中，甚至大学。

　　列车奔驰，我的手似乎还留有于小童的余温，很暖，很柔，很细致。我感觉到血液里增加着新的成分，温暖，爱，帮助。当我们的手牵在一起的刹那，这些成分在我们之间绵延不断地传递，传递，再传递。

记我的好朋友

杨实味

青春总是有很多秘密，很多空白，很多不了解的事情，虽然我们在那么热心地生活。

1991年的那个夏天

1991年的夏天，我升入高中部，站在宣传栏前吃一个冰激凌，有个穿黑T恤的男生靠近我，塞给我一封信。当时我正在等欧阳叶叶上完厕所，她在放学的时候总是要去厕所，这样奇怪的习惯也只有我能容忍她。

这封信是给欧阳叶叶的。我接过来，看着眼前这个大胆的黑皮肤男生，开始明白有些重要的事情要发生！

我把冰激凌一扔就开始往厕所里冲。欧阳叶叶正蹲在那里看一本玄小佛的书。我说欧阳叶叶有个男生要我转封信给你！欧阳叶叶抬起头，狐疑地看着我。我不耐烦地把信举起来，你到底要不要？要不要？欧阳叶叶不吭声地又开始盯着我手上的信。我突然把信抽出来，一边倒退一边笑，你不要是吧，你不要，好，那我开始念了。我把纸展开，老实说这个男生的字写得可真不怎么样。

"欧阳叶叶——"我开始念。欧阳叶叶还是没有反应。"我像掉进冰窖里一样，开始感觉到寒冷了……"我大声念道。欧阳叶叶像被电击一样用一个手飞快地提起裤子，一个手伸过来抢信。

后来我们在学校的茶树林里仔细研读了这封信，共同决定枪毙掉这个男生，字写成这样也敢写信，欧阳叶叶大声地说，脸上因为温度过高的缘故发着红。其实我知道关键不在这里，关键在于他写的东西太糗太门外汉，看过很多书的欧阳叶叶是受不了这个的。我负责去退信，在宣传栏那里找到那个可怜的男生，我把信往他跟前一扔，转身就走。

欧阳叶叶后来跟我小声嘀咕说这样是不是太残忍了。我一听头就炸，你这个人怎么这样，我连冰激凌都扔了还不能扔他的信！欧阳叶叶忙拽我的衣，好了好了，你别叫，我不说了还不行？

欧阳叶叶给我买了个更贵的冰激凌。

我得申明读书的时候我该算是个差生，但是欧阳叶叶不是

从小学开始，她就一直在优等和中等生之间摇摆，摇摆的原因是因为，有时候我心血来潮会和她吵上一架，或者被别的事物转移了注意力，这个阶段她的数学成绩就会上100分。100分是小学，到了初中以后欧阳叶叶的数学成绩哪怕有我的配合也只是85分左右。她其他成绩都好，就是数学不好，她跟我一样，是个逻辑思维不严密的女人。

欧阳叶叶拒不承认这一点，她把原因归结为我对她的干扰。

除此之外，我还妒忌她复姓欧阳。无论多么平庸的名字，加上她的姓氏都会变得很醒目。而我姓杨，假如我叫叶叶，杨叶叶——听上去就逆来顺受，发育不良。好在我叫杨粲初。

杨粲初！欧阳叶叶咬牙切齿地叫我。我明明比你多了一个字，写起来笔划还是比你少。我一想到我的童年直至青少年时期都和这个逻辑思维不严密的女人长期厮混一起，我就恨不能与她绝交。所以说欧阳叶叶对我的折磨真是罄竹难书。

比如她初中就来了例假，上体育课经常名正言顺地请假，在男生的目送下懒懒散散地斜靠在树阴下，这让毫无动静的我非常紧张，有一阵时间我几乎绝望地以为，我不具备这个生理项目了。欧阳叶叶对此嗤之以鼻，你不过是晚熟罢了，她老练地像个妇女。

高一下半学期，学校组织文艺会演，第一次来例假的我和欧阳叶叶一起在操场排舞，我很紧张地问欧阳叶叶，看不出来吧？看不出来吧？欧阳叶叶很舒展地转圈，眼都不眨地说看不出来，什么都看不出来。但是整整一个星期我的状况都非常糟糕，我拒绝排练，因为我很担心像不干贴一样的卫生棉会顺着裤管滑下来。

许多的秘密，我们一起分享

高中三年她跟我生气的次数屈指可数，而且在每天的语文课上，当我们的语文老师穿着拖鞋，拖着他的两条长腿近前，我们所有的芥蒂都会一扫而空。这个英俊瘦削，稍许有些任性的语文老师填补了我和欧阳叶叶少年时期对男人的所有梦想。在他的课里我变得沉默，而且毫无行动。他给我们讲细节对于文章的重要，说一个女孩在雪地里苦等她的恋人，一次一次用手握住一把雪，默默给自己下决心，如果这把雪融化他还没有来，我就离开。每一把雪都化了，人却始终没有来……欧阳叶叶说，我真宁愿是他手中的那把雪。

我的内心突然有灼痛的感觉，青春期漫长如盛夏，我早在他的掌心里化掉了，消失了。我一边与欧阳叶叶心神相契地享用我们对老师的迷恋，一边隐藏我内心迷惘的焦灼。这是整个少年时期我唯一不肯与欧阳叶叶完全共享的秘密。

欧阳叶叶却是喜欢与我分享，并积极分享我的喜怒哀乐。

哪怕我去老师家里挨骂，她也要送我到门口，然后照惯例坐在游泳池边的老梧桐树下等我。有一天我兴高采烈地从班主任家里出来，太阳已经下到山那边，校园很安静了，欧阳叶叶站在泳池边上，穿一条小碎花的裙子。几个游泳的男生在她身边划来划去。我隔着泳池大声叫欧阳叶叶！这个时候意外发生了，有个男生大声说，她叫欧阳叶叶吗？她哪都长得好，

就是屁股大了点！

我傻在那里，然后瞪着欧阳叶叶看。她的脸在昏暗的天色下刷地转成紫红，眼光在对岸张皇地搜寻我。我们对视了片刻，我突然忍不住笑出声来，我笑弯了腰。1992年的某个很好的黄昏，我与欧阳叶叶，还有几个素昧平生的，赤膊精瘦的男生笑成一团。这件事成为我和欧阳叶叶的大秘密，我们分享其中私密的快乐，并从此养成了照镜子一定要反过身去看后半部分的好习惯。

高三的寒假

欧阳叶叶暴躁的父亲从抽屉里翻出那一沓信，给了她一大巴掌。素来听话的欧阳叶叶就离家出走了。

我和几个同学打着手电几乎把学校翻了个遍。车棚，饭堂，泳池，茶树林，我在这些我们经常出入的地方来回地逡巡，空荡的回响让我刻骨铭心地想念那个安静地跟着我，一脸羞涩笑容的欧阳叶叶。我不可抑制地哭了。很多的往事让我意识到欧阳叶叶对于我单调、动荡、愚钝的年少有着安抚的力量。

天色微亮的时候，我摇摇晃晃地回家，在家门不远处看见欧阳叶叶，她安静的小脸带着笑，憔悴地等我。我走过去抱着她哭起来，欧阳叶叶拍着我的肩，安慰我说，好了好了，没事了。

这以后欧阳叶叶开始认真读书，那种下死工夫的认真。我也收心读书，没有心情再去捣乱捉弄。即使是在一起聊天，我们的话题也开始有忧郁的情绪。就在这种情绪下，名叫金帝的巧克力开始出现在中国市场上。欧阳叶叶的姐姐欧阳树树买了各种口味的巧克力给她。欧阳叶叶每天带一块到学校，在傍晚回家的时候与我分享，金箔的纸撕开，一人一半。我吃着她姐姐给的巧克力，问她，如果我和你姐姐掉到水里，你先救哪一个？

毫无准备的欧阳叶叶有些发蒙地看着我。很多年后她回忆这件事情，说你们这些独生子女敏感得让人慌张。当时她想了很久，对我说我还是会先救你，姐姐会有姐夫救的。

一直到工作以后很久，我才意识到当时我有多为难欧阳叶叶，而她的小脑筋又多么聪明。

毕业后很久，过得有点寂寞

我经常一个人逛街，一个人在超市里挑梨，一个人反反复复地照镜子。我买了一条裙子，臀围过大，就寄给她，我说你不是屁股大吗。欧阳叶叶在电话里说杨棨初你还好吧，你要按时睡觉。

我们都上班了，她在北京的报社，我在广州的电视台。我迷上了吃一种叫渔夫牌的瑞士巧克力，500g就要两百多块钱。欧阳叶叶惊叫说你疯了，你应该存钱！存钱买房子！

我一听她这样惊惊乍乍就想笑。欧阳叶叶总是这样，我喜欢她很婆妈的样子。两年后我随男朋友去了深圳。欧阳叶叶来看我，带了很多果脯和茯苓饼，还有三只烤鸭。她跟我说，你男朋友长得像吴敬琏。有那么老嘛！我反驳，她说是像吴敬琏年轻的时候。我就忍不住笑起来。欧阳叶叶不是个幽默的人，却能随时随地把我逗笑，让我开心。

这之后我们很久没见面，我每年还会寄出两张卡片，一张给我高中的语文老师，一张给欧阳叶叶。忘记了在一个什么日子，我在电话里随便地问欧阳叶叶，你和那个游泳的男生写信，怎么我都不知道啊？她说你太挑剔，我怕你不喜欢他。

我半天说不出话来。

61

我和闺蜜的三个约定

卡其布

我和谢汀兰有三个约定：不在同一天发脾气，一个人郁闷了，另一个要哄；不再喜欢爱吃苹果的男生，他们通常没心没肺；彼此在对方好友名单里的首要地位永远不可动摇。

一

依旧记得我和谢汀兰站在学校礼堂的舞台上，一起唱《友谊地久天长》的那个下午。那天，我们化了淡妆，穿着雍容华贵的礼服，挽着手从后台意气风发地走到舞台中央。当时的台下有些骚动，有几个高年级的男生吹起了口哨，虽然有些刺耳，但我和谢汀兰却倍感骄傲。音乐响起，我们煞有介事地唱起来，可唱着唱着，我就忘词了，随后谢汀兰跑调了。最终，我和谢汀兰把排练了三个星期的节目演砸了，台下嘘声一片。亮相很惊艳，结局很凄惨。

谢汀兰责怪我，苏黎，我们练了无数遍，你怎么把词忘了啊？

我说，我忘了词你就接着往下唱，反正是合唱，别人又不会听出来，我一会儿就能想起来了，你怎么唱跑调了呢？

谢汀兰说，还不是因为你忘了词，我紧张得吗？

我说，我忘了词，我都没紧张。

谢汀兰气鼓鼓地瞪着我，我也撅着嘴看她。最后，我们俩背着书包各自回家。我们的家在同一个方向，相距不远，我和谢汀兰走同一条路，她在前，我在后，隔着50米的距离，谁也没有理谁。太阳落山了，天空跟我们的脸色一样难看。

我和谢汀兰在七岁的时候就成为死党，团结友爱，相互帮助，如今我们十六岁，长大了很多，却突然变得不懂事了。

晚上，我坐在窗台上，看屋外雪花纷扬，凌晨三点，雪停了，整个大地素面朝天。我钻到被窝里，把谢汀兰送我的加菲猫摁在床上，边打它的屁股边说，我错了，还不行吗？

二

天蒙蒙亮，我就爬了起来，揣着两个苹果去找谢汀兰，我想我应该当面向她道个歉，毕竟我比她大一个月，做老大要能屈能伸才好。

从我家到谢汀兰家要走二百八十多步，我数着步子，踩着积雪往她家走，当我数到二百五的时候，我就看见了谢汀兰，她蹲在地上不知搞什么鬼。我悄悄走到她背后，发现她在雪地上写了几个字：苏黎，对不起。

我站在她身后傻乐，谢汀兰，你在干什么？

她发现了我，飞快地把对不起三个字给抹掉了，说，我在练字啊，知道我的字为什么写得那么好了吧？

我哈哈大笑，谢汀兰同学，你的字一般，不过认错态度很好，我决定原谅你啦。

谢汀兰说，你的态度比我好，一大早就来找我负荆请罪。

我说，不要胡说，我只是路过，顺便带个苹果给你。我把苹果放到谢汀兰的手心里，她很快就找到了我刻在苹果上的对不起，"咔嚓"一口咬了下来，吞到了肚子里，样子颇为饥渴。

吃完苹果，我和谢汀兰堆了两个紧挨在一起的雪人，用煤球做眼睛，用胡萝卜做鼻子，活忙完了，我们的手被冻得又麻又凉又红，握在一起却感觉温暖异常。

谢汀兰把树枝折了一半给我，我们用它在雪地里写字，写《友谊地

63

久天长》的歌词："怎能忘记旧日朋友，心中能不欢笑，旧日朋友岂能相忘，友谊地久天长……"她写一句，我写一句，一边写，一边唱，整条街都被我们写满了，这一次，我没有忘词，谢汀兰没有跑调。

三

1999年的夏天，我和谢汀兰背井离乡从烟台到天津求学。她去了天津大学，我去了南开大学。两所大学，一墙之隔，曾经朝夕相处的两个外地女孩子，在陌生的城市仍然可以天天见面。几乎每天晚上，我们都会跑到天南街上一起吃饭。饭后，坐在新开湖或青年湖边咔嚓咔嚓地吃苹果。苹果是我和谢汀兰最爱的水果，我们买很多很多的苹果，遇见喜欢的人，便请他们吃。林志言便是其中之一。

林志言和我同系，比我大两届，一个终日穿着白衬衣的英俊男生，只和他对了一眼，我便知道自己无还手之力。系里组织溜冰，在南京路伊势丹顶层，技术不太好速度又过快的我把他撞倒了，拽掉了他白衬衣的第二粒扣子，并栽倒在他的身上。我狼狈地站起来，忙不迭地跟他说对不起，他倒是坐在地上慢悠悠地打量我，又对了一眼，天，我的麻烦来了。

10月13日，我入学以来第一次没有跟谢汀兰一起吃晚饭，当然也没有跟她到湖边喀嚓苹果。取而代之的是林志言，我和他共进晚餐，并肩坐在新开湖边吃苹果。

林志言竟然说他也喜欢吃苹果，这让我大喜过望，我嘿嘿暗笑，敌人已经暴露了致命缺点，就别怪大小姐我心狠手辣了。

我把送给林志言的每一个苹果都用水果刀小心地刻上苏黎，这样，坐在新开湖边，他就会把我的名字咔嚓掉，吃到胃里，靠近心脏，我的名字就能轻而易举占据他的心，他吃得越多，我的名字就积累得越多，日久天长，他的心里就只有苏黎，再也装不下别人了。

四

我对谢汀兰说，如果要得到一个男人的心，就要让他吃刻着自己名字的苹果。这是我最近在研究的课题。谢汀兰神秘地说，她现在也正研究这个课题。

我眼睛一亮，是吗？那找个时间大家一起吃饭吧，就晚上啦，晚上行吗？谢汀兰低下头微微一笑，故作娇羞地说，那好吧。

下了课，我打电话给林志言，一起吃饭吧。他说，要上选修课，老师会点名，已经旷了好多。于是，我灰头土脸独自一人去天大见谢汀兰和她的男友。

谢汀兰跟她的男友坐在桌子的一边，我自己坐在另一边。那个男生像林志言一样穿着白衬衣，像林志言一样地说话，像林志言一样英俊，可林志言从来没有对我说过他有双胞胎兄弟。

我对谢汀兰说，那个谁晚上有一节很重要的课，来不了。她哦了一声说，以后有很多机会。然后，向那个男生介绍我，苏黎，我的老大兼死党兼同学兼姐妹。又向我介绍那个男生，林志言，和你一个系，大三，我们认识还不到一星期。我和林志言握了握手，这是我认识他半个月来第一次握手，他的手心都是汗。

谢汀兰去洗手间的时候，林志言怯怯地对我说，对不起。

我在桌子下面踩了他一脚，佯装一副咬牙切齿的样子狠狠地说，我要去告诉老师，你又旷课了。

五

我们在青年湖边吃苹果，谢汀兰坐在我和林志言中间，她偏过头悄悄

65

告诉我，她在苹果上刻上了自己的名字。路灯下的湖面水波荡来漾去，我的视线突然模糊了。我咔嚓咔嚓地咬着苹果，故意弄出很大的声响，用来掩饰我的不安。

林志言到底该是谁的呢？我躺在床上翻来覆去地想，我先于谢汀兰认识他，按照先来后到的规矩，他应该是我的，我又是谢汀兰的老大，长者为尊，林志言还是我的，就算按照姓氏比画排序，我也应该在前面呀。

可林志言还是在我的眼皮底下走向了谢汀兰，到底是哪里出错了呢？也许，谢汀兰还是比我可爱一点，林志言还是喜欢谢汀兰多一点，他吃下那么多刻有我名字的苹果，也只是用嘴，并没有用心。

我打电话给林志言说，你要好好跟她在一起。林志言应着，好。我说，那么，晚安。他说，晚安。我放下电话，闭上眼睛，数着绵羊哄自己睡去，我告诉自己，这是一种成全。

一星期后，我见到谢汀兰，赫然发现她把直发烫成了波浪卷。她风姿绰约地站在我面前，握着拳头，激动地对我说，老大，我给你报了仇了。我被她的新发型和莫名其妙的开场白搞得一头雾水。她比划了一个砍人的手势进一步说明，我把林志言给甩啦。我问，为什么？谢汀兰一脸愤然，哼，他骗了你的苹果又来骗我的，我是不能容忍的。我听了这话，眼泪一下子就流了出来。谢汀兰上前安慰我，我们抱在一起在天南街上哭得稀里哗啦。

我对谢汀兰说，我好惨，损失了一个月的苹果。

谢汀兰说，我也惨，打爆了三张电话卡。

我说，早知道这样，在溜冰的时候，我就不去撞他了。

谢汀兰说，早知道这样，当初问路的时候，就应该找个丑一点的。

那时，我们十七岁，一个英俊的男人多看了我们两眼，我们就傻乎乎地认为那是爱情。

六

2000年春节一过，我和谢汀兰相继十八岁。我生日当天，谢汀兰送给我一本挂历，并十分下流地对我说，苏黎同志，为了庆祝你十八岁成人，我送你十二个猛男，一个月换一个，好好享用。挂历是谢汀兰用十二张海报自己制作的，都是外国当红的男影星，而且每张都有签名。我把挂历藏在枕头底下，每天睡觉之前都翻出来看一遍，但很快我就意识到谢汀兰是在捉弄我。因为每张海报签名的笔迹都差不多，而且还都是汉字。

一个月后，谢汀兰生日，我送给她一个很大的肥猪储蓄罐。她看了，大叫，老大，十八岁给我买储蓄罐做什么呀？我拍拍她的肩膀，郑重其事地讲，小鬼，你要把买巧克力的钱都交给它，不然，你很快就变成它啦，你在发胖呀大小姐。谢汀兰把储蓄罐放在床头，每日起床她都对着那只猪说，我是不会变成你的。

十八岁，我和谢汀兰跑去成都道的酒吧喝喜力，跳恰恰，适当的放肆是对成人一个鲜明的注解。跳累了，我们背靠背坐在一起，谢汀兰说，苏黎，我们是大人啦。我说，谢汀兰，我们是自己的啦。

大学毕业后，我和谢汀兰留在了天津，工作生活都在塘沽，因为塘沽离海很近，像我们的家乡。谢汀兰千禧年送我的挂历，日期错乱，已经不适用了，但我一直把它挂在墙上，一个月翻过去一张。我送谢汀兰的储蓄罐已经积满了本该买巧克力的钱，谢汀兰用这笔钱买了一把小提琴。天气好的时候，我们坐在海边，拉小提琴，想念我们的十八岁。

飞舞的蝴蝶

〔俄〕斯坦科维奇·乔伊

幸福就像是一只美丽的蝴蝶，当你绞尽脑汁，费尽心机，努力寻找它的时候，却怎么也得不到它；但是，当你静静地坐在那儿的时候，它或许就会出现在你的眼前。

——纳撒尼尔·霍桑

一天早晨，我和妻子正坐在屋外的院子里，感受着早晨那清新的气息。我给自己冲了一杯咖啡，然后拿起新到的报纸看了起来。"亲爱的，把家庭版给我看看，好吗？"这时，妻子沙琳问我道。

"好的。"我一边回答，一边把家庭版递给沙琳。对我来说，再也没有什么能比和沙琳一起度过这宁静安详的早晨更加美好的事情了。在过去35年的婚姻生活中，大部分的时间，我们都在不停地为了生活而奋斗着，在那些岁月里，我获得了心理学博士学位，而沙琳则在图书馆勤奋地工作着，此外我们还把孩子们一个个都抚养长大成人，各自成家立业。而所有这些，至今都历历在目，并且永远都珍藏在我的记忆里。在55岁的时候，我们都退休了。从此我们决定相依为命，一起安享晚年，一起去看望我们的孩子和孙子。

"过会儿我们去看电影，好吗？"沙琳一边浏览报纸一边问道。

"嗯，这个主意不错。"

然而，就在这时，电话铃响了，沙琳连忙站起身来，走进屋里去接听。

"是我母亲打来的，"沙琳回到院子里，告诉我说，"她记不得如何使用洗衣机了，因此，想要我过去教她怎样使用。"

"那我们的电影什么时候去看？"

"我想我们只好改天再去看了，"沙琳答道，"我必须得去帮助她。"

"我想我应该和你一起去。"我把报纸放在桌上说。

早在一年以前，沙琳的母亲就被诊断为老年性痴呆症。开始的时候，还是由沙琳那89岁高龄的父亲在尽力地照顾她，但是，没过多久，我们的电话就开始不停地响起来了。像"她把支票簿放在哪儿了？"、"鸡肉要烤多久？"、"怎样打开电视机？"等等这样的问题就会接踵而至。然后，我们就会立刻驾车行驶在49号州际公路上，赶往他们位于什里夫波特的家，而每周我们花在路上的时间都在三个半小时以上。这不，我们现在又要启程了。

当我们一走进沙琳父母家的门，沙琳就皱起了鼻子。"妈妈，您屋子里有股什么味道啊？"

"有味道？"她的母亲一听，连忙吸了吸鼻子，然后一脸茫然地注视着她。当我们走进厨房的时候，发现垃圾桶里早就装满了，垃圾都满出来了。于是，我重新换了个垃圾袋，沙琳则打开电冰箱检查了一下。

"爸爸，您看看，牛奶都酸了，午餐肉也都发臭了！"她抱怨道。

就这样，整整一天，我们都待在沙琳父母的家里不停地忙碌着。沙琳负责洗衣服，并且将衣服叠放整齐，而我则负责洗刷碗碟，修整草坪。当我们坐进车里准备回家的时候，我们都累得几乎连话都说不出来了。开车的时候，我的眼睛一直充满怨恨地盯着前方的路面。同时，我的心中也在愤愤地想着：我们之所以退休，是为了能在一起过过舒心的日子，而不是为了照顾别人，成为别人的保姆的。

"我看现在应该是说服他们搬到我们附近来住的时候了。"沙琳终于打破了沉默。

"为什么？"我厉声问道，"这样我们就可以每天都和他们在一起了，是不是？"

看着我愤怒的样子，沙琳的脸上写满了痛苦的表情，目光中充满了乞

求原谅的神色。

"哦，对不起，亲爱的，"我叹了一口气，然后一边腾出一只手抓住沙琳的手，一边解释道，"我之所以这样，也无非是想多留些时间给我们自己，仅此而已啊。"

"是的，约翰，我也是这么想的，"沙琳说，"但是，他们年纪实在太大了，已经不能照顾自己了。而我是他们的女儿，我又能怎么办呢？"

几个星期以后的一天，沙琳的父亲不小心摔了一跤，结果把肋骨给摔断了。在她父亲卧床休养期间，沙琳就一直待在那儿陪着他们。而每天晚上她给我打电话的时候，都会讲一些令人心烦的事情，诸如什么"炉子没人管啦"、"妈妈今天把我的名字忘记啦"等等。

看来，他们真的很有必要搬家了。于是，在我们住所附近，我们为他们找到了一处公寓。尽管我们已经把沙琳的父母安置在新公寓里了，但是，那些工作似乎仍旧没完没了，一点儿结束的迹象都没有。每天早晨，当我坐在院子里看报的时候，沙琳都会这样说："我得去帮妈妈干些事情，不会要太长时间的。"但是，事实却并非如此——而是她往往一去就是一整天。"哦，上帝啊，事情怎么会这样？"一天晚上，我坐在电视机前，一边吃晚饭一边想道，"要知道我们为了获得今天的生活，付出了多少努力啊！可您为什么就不能让我们好好地享受一下呢？"

一天早晨，沙琳穿好了鞋子和衣服，手里拿着车钥匙，穿过院子正向外走去。

"今天你该不是又要到你父母那儿去吧？"我没好气地问道，甚至根本就没有考虑过要掩饰我的愤怒。

"他们的家还没有完全收拾好呢。"

"但是昨天，你不是一整天都在那儿吗？"

"是的，约翰，但是你知道，妈妈现在神志不清，搬家对她来说是多么困难的事情啊！"

"哦，天哪，沙琳，你总不会要帮他们做每一件事吧？"

"我知道，不过，我只是想多花些时间帮助他们早点儿安顿下来。"

"那你为什么不在他们的隔壁租一间公寓住呢？"我大声嚷道，"难道这就是我们为什么要退休的理由吗？"

沙琳深深地吸了一口气，无奈地看着我，坚决地说："约翰，你知道我们的婚姻对我来说是最重要的，但是，这些事情是我必须做的，不，应该说是我非常想为我的父母做的。请你原谅。"

说完，她头也不回地走出了院子，接着，我就听见了汽车驶出车库的声音。就在这时，电话铃又响了，是她父亲打来的。"她正在去你们那儿的路上！"我嚷道，"你们难道不知道她只有两只手吗？"

说完，我"砰"的一声撂下听筒，然后，又走出屋子，来到院子里，此时此刻，我只觉得自己有点儿像一个傻瓜似的。其实，这一切并不是她父亲的错——或者是她母亲的错，当然，也不是沙琳的错。作为一名心理学者，此刻，我不禁为自己不断地向她施加压力而感到羞愧难当。作为她的丈夫，对这一点我简直是太了解了。但是，作为丈夫，我只是想让妻子回到家里来，难道那也有错吗？无论是谁，想把她从我这儿带走似乎都是不公平的，即便是她的父母。

这时，我只感到内心充满了矛盾，一时之间竟然坐也不是，站也不是，烦躁难安。于是，我开始清理起游泳池来。当我清除漂浮在水面上的落叶时，突然，我注意到在那些落叶的中间漂浮着一个彩色的东西。那会是什么呢？我一边想一边用网把它网了过来。仔细一看，原来是一只蝶王。于是，我蹲在游泳池的边缘，用双手把那只蝶王捞了起来。它的翅膀已经完全湿透了，这不禁使它那橙色、黑色、白色相间的斑纹看起来更加鲜艳明亮了。"哦，多可惜啊！"我想。突然，它的翅膀猛地翕动了一下。哦，它还活着！我小心翼翼地吹了吹它那纤弱的翅膀，然后把它放到了阳光下。开始的时候，它还一动不动，但是，不大一会儿，它的翅膀就

71

渐渐地伸展开来了，并且缓慢地扇动着。我能为它做些什么呢？我把它捧回屋里，并把它放在窗台上，然后又放了一些草叶和花瓣作为它的食物。"哦，约翰，这简直太荒唐了，"我一边忙着一边想道，"它不过是一只蝴蝶而已。"但是，我知道它需要我的帮助。

当蝴蝶的翅膀晒干时，我又把它拿到院子里，准备把它放飞。但是，当它飞过邻居家的篱笆后，却又飞回到了我的身边。"难道它忘了什么东西吗？"看着它在我的面前不停地飞舞着，我觉得有些好笑。于是，我挥舞着双手，示意让它赶快飞走。但是，当我回到屋里的时候，发现它竟然趴在了我的衬衫上。它究竟想要告诉我些什么呢？

就这样，整个下午，那只蝴蝶始终都待在我的身边。并且，当我仔细地观察它的时候，我突然对自己的举动感到有些惊奇：为什么我会毫不犹豫地帮助它呢？我想也没有什么特别的原因，恐怕只是因为只要是我认为正确的事情，我就会毫不犹豫地去做，并且从来都不会考虑自己是否有时间或者有能力使事情发生变化。其实沙琳又何尝不是这样呢？她除了照顾自己的父母之外，难道还能有其他的选择吗？我应该设身处地地为沙琳想一想啊！想着想着，我不禁有些汗颜，为我的自私，为我的狭隘。

那天晚上，当沙琳回到家的时候，我已经做好了晚饭等待着她。吃饭的时候，我把那只蝴蝶的事情讲给她听，并且为我对她的不理解而真诚地向她道歉。"你知道，我盼望着退休后能好好地享受一下生活已经很久很久了，"我解释道，"说实在的，我真的很难接受现在这样的生活。但是我会努力地去适应的。"

沙琳激动地拥抱着我，嘴里喃喃地说："哦，亲爱的，我想要知道的只是，你一直都在支持着我！"

吃过晚饭之后，我和沙琳就把那只蝴蝶拿到院子里放走了。只见它迅速地从我的手中轻轻地飞起来，盘旋着向上飞入那深蓝的夜空中。我和沙琳默默地仰着脸，注视着它那优美的身姿，直到它消失在茫茫的夜空之中。这时候，我想：既然它要传达的信息已经传达到了，那么它一定是飞回天堂了。

自从那天之后，照顾沙琳父母的重担并没有因此而变得更加轻松。我仍旧像以前一样不得不取消一些计划，而且更多的时候我还不得不一个人吃饭。但是，无论如何，我都牢牢地记着：我能够为沙琳和她父母所做的最好的事情，就是要有耐心。而且，不管在什么时候，当我想要淡忘这一点的时候，我似乎就会感觉到，在我的身旁，总有那么一只蝴蝶，在不停地飞舞着，旋转着，给我提醒，给我警示……

第三章

不要让太阳再流泪

同一件事的不同结局

张小娟

她在读初中时，作文极好而数学极差，几次考试都不及格。为了对得起父母和老师，她硬生生地把数学题死背下来，三次小考，数学都得了满分。数学老师认为她成绩的提高百分之百是因为作弊。她是个倔强而又敏感的女孩，并不懂得适度地忍耐更能保护自己，就直言不讳地对老师说："作弊，对我来说是不可能的，就算你是老师，也不能这样侮辱我。"

结果，被冒犯了的老师气急败坏，单独给她发了一张她根本没有学过的方程式试题，让她当场吃了鸭蛋，之后拿蘸了墨汁的毛笔，在她眼眶四周涂了两个大圆饼，然后让她转身给全班看。又让她去大楼的走廊上走一圈。

这一事件的结果是：其一，让她休学在家，自闭了七八年，严重时，连与家人同坐一桌吃饭的勇气都没有；其二，养成了她终生悲观、敏感、孤独的性格。尽管她一生走过48个国家，写了26部作品，用她的作品帮助很多人树立起豁达、坚强的人生信念，但她自己始终走不出心灵的阴影。

假如，换一个睿智而又有爱心的老师，事情完全可以有更好的处理方式，不信，我们看看与她境况相同的另一个女孩的经历。

这个女孩同她一样，读初中时，国文也出奇的好，曾在年级的国文阅读测验中得过第一名。但数学相当糟糕，面对数学课本，就像面对天书，数学老师教的东西，她没一样能懂。她戏称自己为天生的"数学盲"，并且断言这种盲永远无药可救。

她跌跌撞撞地读到初三时，数学要补考才能参加毕业考。她知道事态的严重，却无法左右事态的发展，只好整晚不睡觉，把一本《几何》从头背到尾。

　　第二天，上数学课时，老师讲到一半，忽然停下来，在黑板上写了四道题让全班演算。这没头没脑的四道题在下午补考之前出现在黑板上，又与正在教的内容毫无关系，再笨的学生也明白老师的良苦用心。

　　于是，她忽然就成了全班最受怜爱的人，几位同学边笑边叹气边把四道题的标准答案写出来教她背。她背会了三道，在下午的补考中得了75分，终于能够参加毕业考，终于毕了业。后来，初中最后的那堂数学课连同数学老师关切和怜爱的眼神，一并成为她生命中温馨美丽的记忆。

　　第一个故事的主人公是三毛，第二个故事的主人公是席慕蓉，她俩都是我深爱并曾为之痴迷的女作家。因为爱，所以好奇。为什么美丽倔强的三毛总让人心痛又让人绝望，而外表平常的席慕蓉却既让人心怡又令人神往？我坚信这与她们年少时在数学课上的经历有很大的关系。

　　三毛很不幸，她碰到的是一位看重成绩而忽视人格的、具有强烈的权威意识的数学老师。他为了维护自己那点可怜的尊严而滥用权力，给完全没有防范能力的三毛在精神上以致命的一击，让她穷尽毕生精力都无法从那种伤害中复原。

　　席慕蓉则非常幸运，她的数学老师并没有因为她在数学方面的不足而全盘否定她，于不动声色中放了她一马，让她有条件在更适合自己的领域里振翅高飞。在自己最不擅长的领域里，得到的都是发自内心的怜爱与关怀，难怪她对生命充满眷恋，对人世充满信心。作为一个极富才情的女子，她既有能力爱丈夫，爱孩子，充分享受亲情之乐，又用自己的诗、画和文章吸引和陶冶了无数的人。

神父的墓志铭

小桥流水

皮埃尔神父去世后的这些日子，他创建的国际慈善机构、无家可归者庇护所"埃玛于斯"(Emmaus)得到了诞生以来最多的关注。很多报道都提到，58年前皮埃尔神父在巴黎近郊租下一幢旧房收留街头露宿的穷人，那就是最早的"埃玛于斯"，如今遍布全球50多个国家的"埃玛于斯"都从这里发端。

在成为标志性的皮埃尔神父之前，他曾经是拥有贵族姓氏的亨利·德·格鲁埃，里昂一位丝绸制造商的第五子。那是20世纪初期典型的资产阶级家庭，8个孩子和父母一起住在市中心的漂亮公寓里，罗纳河右岸有他们占地宽广的Irighy庄园。亨利从小多病，经常休学，在同学中有个外号叫"冥想的海狸"，因为他大部分日子都在养病康复，除了沉思默想，就只能靠修理敲打些小东西来打发时间。如果和他的那些兄弟姐妹们一样循规蹈矩，亨利未来就将继承一份家业，娶妻生子，过富足的生活。但在12岁那年，父亲不幸让他发现了仿佛来自另一个世界的贫穷。老格鲁埃生性善良，星期天上午他会带儿子去里昂一家济贫院为穷人施舍早餐，那幅景象给亨利带来的震撼，改变了他的人生。16岁的时候，中学生亨利正式告诉父母自己受到神的启示，决定此生追随圣徒弗朗索瓦。弗朗索瓦是18世纪意大利著名的宗教人物，出身富户，为了帮助穷人舍弃家业做了传道士。1931年亨利19岁，他散尽自己继承的那份家产，然后正式加入嘉布遣会。在天主教中嘉布遣会是最苦修的一支，皮埃尔神父后来在回忆录里说，他隐修6年，每天祷告6小时，白天研习神学和哲学，晚上睡硬木板，有时候还要接受鞭挞来磨炼自己，但在他记忆里面那是"内心真正感到幸福的一段时光"。1938年，亨利因为胸膜炎发作被迫离开隐修院，他被安排到阿尔萨斯州格勒诺布尔的教区，升为神父。

皮埃尔神父在"二战"期间加入了抵抗组织，这是他受法国人爱戴的另一个重要原因。以他自己的说法，那仍然是神在启示，就像当初贫穷景象带来的震撼，一瞬改变一生。1942年7月，两个被法国宪兵追赶的犹太人敲开他的门请求帮助。皮埃尔神父收留了他们，用最短的时间拿到假证件，帮他们逃到中立国瑞士，他用各种化名进行的地下抵抗活动也从此开始，"皮埃尔"这个化名用了一辈子，真名反倒慢慢被人忘记。从1942年到1944年，皮埃尔带数批犹太人往返法国和瑞士之间，在冬季穿越海拔3000多米的高山，好几次险些葬身冰河。被皮埃尔冒险转移到瑞士的人里，包括戴高乐将军身有残疾的弟弟雅克·戴高乐。

2005年，皮埃尔出版了自传《我的上帝……为什么》。这本薄薄111页的书就是最后的忏悔，坦白到无所不言。他在书中承认自己年轻时曾因为爱而陷入欲望，在一段感情中有过几次性的经历。他谈到天主教的敏感问题时也"离经叛道"，以极其宽容和开放的态度，对同性恋结婚和收养孩子表示支持。这本书没有影响这位老人在法国人心中的形象，反而让人们更加热爱他。1954年那个寒冷的冬天，皮埃尔通过电台呼吁全法国人都行动起来帮助无家可归的贫穷者，这次震撼所有人良心的讲话把皮埃尔变成了公众人物，他被拍成电影，写进歌曲，编成动漫，一举一动都牵动法国。退休之后皮埃尔住在诺曼底的伊斯特维尔城，除了关心各地"埃玛于斯"的事情，他拒绝参与政治。

2007年1月25日，法国为皮埃尔神父在巴黎圣母院举行国葬。那天到教堂里哀别的有各界政要、明星显贵，也有穷人、流浪汉，广场上观看直播的8000多人也不同种族、不同宗教。至少在那一刻，这些人心里应该没有仇恨的位置，他们都爱同一个灵魂，会想起皮埃尔说过的话："战争不应该针对穷人，而应该针对贫穷。"26日，他被下葬到伊斯特维尔小城，那天法国下了入冬后的第一场雪。伊斯特维尔墓园葬有13位"埃玛于斯"社团首批成员，还有跟随了他40年的秘书。神父的墓很简单，碑上只有一行字，是他自己早就准备好的：我曾经试着爱过。

每个人都是上帝的孩子

魏高升

1987年3月30日晚上，洛杉矶音乐中心的钱德勒大厅内灯火辉煌，座无虚席，人们期望已久的第59届奥斯卡金像奖颁奖仪式正在这里举行。在热情洋溢、激动人心的气氛中，仪式一步步地接近高潮——高潮终于到来了。主持人宣布：玛莉·马特琳在《小上帝的孩子》中有出色的表演，获得最佳女主角奖。全场立刻爆发出经久不息的雷鸣般的掌声。一位漂亮的年轻女演员，一阵风似的快步走上领奖台，从上届影帝——最佳男主角奖获得者威廉·赫特手中接过奥斯卡金像。

手里拿着金像的玛莉·马特琳激动不已。她似乎有很多话要说，可是人们没有看到她嘴动，她又把手举了起来，可不是那种向人们挥手致意的姿势，眼尖的人已经看出她是向观众打手语，内行的人已经看明白了她的意思：说心里话，我没有准备发言。此时此刻，我要感谢电影艺术学院，感谢全体剧组同事……

原来，她是个不会说话的哑巴。

玛莉·马特琳不仅是一个哑巴，还是一个聋子。在她出生18个月时，一次高烧夺去了她的听力和说话的能力。

但这位聋哑女对生活充满了激情。她从小就喜欢表演，8岁时加入伊利诺伊州儿童剧院。9岁时就登台表演。她还能时常被邀请用手语扮演聋哑角色。她利用这些演出机会不断锻炼自己，提高演艺。

1985年，女导演兰达·海恩丝决定将舞台剧《小上帝的孩子》拍成电影。可是为了物色女主角——萨拉的扮演者，使她大费周折。她用了半年的时间在美国、英国、加拿大和瑞典寻找，但都没有找到中意的。最后，她在舞台剧《小上帝的孩子》中发现饰演次要角色的玛莉·马特琳的高超

第三章

不要让太阳再流泪

演技，决定立即启用她担任女主角。结果，在全片中没有一句台词，全靠极富特色的眼神、表情和动作，成功地揭示了主人公自卑和不屈，消沉和奋斗的内心世界，表演惟妙惟肖，令人拍案叫绝，最终一举折桂，从而成为奥斯卡金像奖颁奖以来最年轻的最佳女主角奖获得者，成为美国电影史上第一个聋哑影后。

玛莉·马特琳说："我的成功，对每个人，不管是正常人，还是残疾人，都是一种激励。"是的，每个人都是上帝的孩子，都会受到上帝的宠爱，不管我们的身体条件如何，只要有一颗健全的心，全力以赴，锲而不舍，都会得到命运的垂青，成为生活的主角，赢得辉煌的未来。

上帝的证明

巩相前

  1987年11月8日，美国新泽西州阳光明媚，琼斯小姐拎着大包小包离开超市。打开出租车门的那一瞬间，腰间被一个硬邦邦的东西顶住。顿时，她意识到，自己遇上了麻烦。

  接下来发生的事，证实了她的预感，她遇上了黑人青年杰克逊，杰克逊刚打伤了狱警，夺了狱警的枪，从监狱里逃了出来。身后的警车发出尖厉的叫声，杰克逊想到了劫持人质。于是，琼斯小姐不幸地成为杰克逊手中待宰的羔羊。

  在琼斯小姐的家中，她被杰克逊用胶带绑在狭小的浴缸里，她成了杰克逊与警察谈判的筹码。如果想保证琼斯小姐的安全，警察必须在24小时内准备一架直升机和100万美元现金。

  杰克逊像一只困兽，紧张、焦虑、恐惧占据了他的心，阳台到卫生间不足10米的距离，杰克逊走来走去，嘴里发出狼一样的号叫。不过，他的哀嚎被窗外更巨大尖厉的警笛声覆盖。

  然而，琼斯小姐听得见杰克逊的叫声，而且比任何人都清楚杰克逊内心的恐慌。她的语调温和而宁静："来吧，听我讲一个故事，这故事或许能让你安定下来，能帮你做出正确的选择。"杰克逊看起来还像个孩子，他坐下来，不安地用牙咬着指甲，听琼斯小姐讲自己的故事。

  15年前，琼斯小姐一贫如洗，在一富家当女佣，贫与富的反差，常常让她义愤难平。最终，恶魔占据了她的心，她抱走了富家襁褓中的婴儿，想狠狠地敲上一笔。

  她同样把婴儿放在这个浴缸里，为了让他安定舒适些，在婴儿的脑袋下还放上了一个大枕头，她自己出去用公用电话跟富家联系，回家后，她一下傻了，枕头盖在了婴儿的脸上，拿开枕头，孩子已经停止了呼吸。

不是故意，然而谁能证明？现场除了婴儿没有其他任何人，当然琼斯小姐不能自证无罪。没有证人，显然一级谋杀罪会成立。

出人意料的是，富家夫妇说服了陪审团。他们说，现场除了婴儿，还有一位，那就是上帝，他们从琼斯小姐的眼神里，找到了上帝的证明。眼前的一切都不可思议，法槌落下的那一刻，琼斯小姐意识到，自己是落下了悬崖，又被人救起。

杰克逊走出琼斯小姐家的那一刻，双手捆上了绑琼斯的胶带，警察相信，这是杰克逊自己捆上的，因为他们同样在杰克逊的眼睛里找到了上帝的证明。

年轻的心

非 鱼

常常听到有人叹息着说："我比昨天又老了一天。"我想，他为什么不说自己还比明天年轻一天呢？

和许多人一样，小时候我一直想的是明天会比今天更接近长大，这多么好。现在我已经长大了，才知道长大并不仅仅是长大，同时也意味着衰老。然而，今天在比昨天衰老的时候，难道不是也比明天年轻吗？

我身边当然有很多人比自己年轻，但我并不觉得任何比我年龄小的人都是年轻的。当然，我也不敢认为任何比我年龄大的人都比我衰老。年轻无须与身外之人相比，我要比的年轻只是自己。每度过一天，我都应当比昨天成熟而不是衰老；而每迎接新的一天，我的状态都要比明天年轻而不是幼稚。

今天的麦苗是鲜绿的，明天就会变成金黄；今天的麦穗是饱满的，明天就躺进了打麦场；今天的玫瑰是含苞的，明天就会娇艳绽放；今天的花蕊是芬芳的，明天就融进了泥土的温床。生命存在于今天，每一个细节都有深情。

比明天年轻，让我不要懈怠；比明天年轻，让我在满面皱纹时依然有葱茏的内心。比明天年轻，这是我继续努力的一个坚强理由；比明天年轻，这是我能够弹跳的一块厚重基石。比明天年轻，让我由衷地热爱着头顶的每一颗星星；比明天年轻，让我认真地耕种着脚下的每一寸土地。

我的今天，真的比明天年轻。

安妮的夏日梦想

刘正清

安妮斜靠在她的存物柜上，嘴里叹着气。多么糟糕的一天！多么倒霉的灾难！这个新学年根本没有按照她原先预料的那样开始。

当然，安妮没有预料到那个新来的女生克里斯蒂。更确切地说，安妮没有预料到那个身上穿着安妮本来打算穿的那条裙子的新来的女生。

那不是一条普通的裙子。为了购买那条裙子和那件专门设计出来与之相配套的上衣，安妮把整个夏天都用在给别人当临时保姆的事情上——替别人照看三个活泼好动的小弟弟。当安妮在她的《少年杂志》中看到那套衣服的时候，她就知道它们对自己非常重要。她径直走到电话机旁，拨通了离她家最近的那家代理商店的电话号码。

然后，她拿着那套衣服的价格和图片，前去游说她的母亲。

"确实很漂亮，亲爱的，"她的母亲同意道，"可是，这套衣服的价格抵得上我为你购买的所有衣服的价格之和了。它太贵了，亲爱的。"安妮并不感到惊讶，但她很失望。

"嗯，如果它们真的对你那么重要，我们可以采取预约订购的方式购买它，"她的妈妈说，"不过，你必须自己支付货款。"

她答应了。于是，在每个星期五，安妮都会拿着因照看小弟弟们而挣得的钱去支付那套衣服的部分货款。

上个星期，她终于把她的最后一笔货款付清了。她急急忙忙回到家，试穿那条裙子和上衣。真实的一刻终于到了，但她居然害怕看！她站在穿衣镜的前面，双目紧闭。她数到"三"的时候，才强迫自己把眼睛睁开。

真是太完美了。从左到右，从前到后，一切都是那么完美。她行走，她坐下，她转身。她练习谦恭地接受赞美，以便她的朋友们不会看出她对这套衣服爱不释手。

第二天，安妮和她的母亲对她的卧室进行暑假结束前的最后一次"大扫除"。她们把床罩和窗帘都取下来清洗、熨烫了一番，并用真空吸尘器对房间里的每个角落及家具的后面和下面进行了彻底的除尘。

然后，她们又对壁橱和抽屉里的所有衣服进行了分类筛选，把不需要的衣服挑选出来送走。安妮害怕这种拖、拉、洗、烫以及在此之后的把它们折叠起来装进盒子里的过程。她们把那些盒子丢在一个善意物品堆放区，然后就到她的祖母家度周末去了。

星期天晚上，在她们回到家之后，安妮直接跑到她的房间里。一切都为她第二天去学校报到做好了准备。

她猛地打开她的壁橱，拿出她的上衣和她的……和她的……裙子？它不在那儿。那它一定在这儿！可是，它也不在这儿。

"爸爸！妈妈！"安妮的寻找变成了狂乱地翻箱倒柜。她的父母冲进她的房间。衣架和衣服被扔得到处都是。

"我的裙子！它不在这儿！"安妮站在那儿，一只手拿着上衣，另一只手拿着一个空空的衣架。

"听我说，安妮，"她的爸爸说，试图让她平静下来，"它不会站起来，走到别处去的。我们会找到它的。"但是，他们没有找到它。在接下来的两个小时里他们翻遍了壁橱、抽屉、洗衣房、床底下，甚至床上。但是，它不在那儿。

那天晚上，安妮躺在床上，努力想解开这个谜团。

第二天早晨，当她醒来的时候，她感到又疲倦又郁闷。她挑出某件衣服——随便一件衣服——穿在身上。没有一件衣服能够达到她夏日梦想的标准。

在学校，在她的存物柜旁，那个谜团变得……噢……更加令人费解了。

"你是安妮，对吗？"一个声音从她的身后传过来。

安妮转过身，突然惊呆了。那是我的裙子。那是我的裙子！那是我的裙子！

"我是克里斯蒂。校长让我用你的存物柜旁边的这个存物柜。因为我们住在同一个区，而我又是新来这儿的，因此，她认为你能够带着我到处看看。"她的声音由于缺乏自信而变得越来越小。

安妮只是瞪着眼睛注视着她。她是怎么……她是从哪儿……那是我的……

克里斯蒂似乎不太自在，"你不必那么做。我告诉过她我们还不认识。我们只是在人行道上碰到过几次。"

那是事实。安妮确曾和克里斯蒂擦肩而过，那是在一天快结束的时候，安妮是在去给别人临时照看婴儿或者是从那儿回家的路上，而克里斯蒂则穿着她的那套混合着洋葱和油脂味的快餐店的制服。安妮把她的思绪扯回到克里斯蒂刚才所说的话上来。

"当然。我很高兴带你四处走走，"安妮虽然这么说，但她一点也不高兴。在那一整天，朋友们滔滔不绝地谈论着克里斯蒂和她的裙子，而安妮则只能站在一边，脸上挂着呆板的微笑。

现在，安妮正等着和克里斯蒂一起走回家，她希望弄清楚事情的来龙去脉。一路上，她们边走边聊。终于，安妮鼓起勇气问出了那个最重要的问题："你的裙子是从哪儿得来的，克里斯蒂？"

"它很漂亮，是吗？当我和我的妈妈在医生的办公室里等候我的奶奶时，我们在一本杂志上看到了它。"

"噢，是你的妈妈买给你的。"

"嗯，不是的。"克里斯蒂的声音低了下去，"最近，我们的生活非常艰难。爸爸失业了，我的奶奶又病了。我们搬到这儿来是为了在我爸爸寻找工作的期间，我们能够照顾她。"

那些话像一阵清风一样从安妮的脑子里飞过去了，"那么，你一定是把你打工挣来的大部分钱积攒下来了。"

克里斯蒂的脸红了，"我把我所有的钱都积攒下来，给我妈妈为我的弟弟妹妹买校服了。"安妮再也忍不住了："那你的裙子是从哪儿得来的？"

克里斯蒂结结巴巴地说："是我的母亲在善意物品堆放区的一个盒子里发现的。在它被丢在那里的时候，我的母亲正好到了那儿。妈妈打开它，发现里面有一条裙子，正好和那本杂志上的一模一样，而且还是崭新的，标签还挂在上面没有撕掉呢！"克里斯蒂抬起头来。

善意物品堆放区？崭新的？谜团终于解开了。克里斯蒂微笑着，她的脸上容光焕发，"我的母亲知道它对我非常重要。她知道这是一种恩赐。"

"克里斯蒂，我……"安妮住了口，这不太容易，"克里斯蒂，"安妮又一次尝试着说，"我可以告诉你一件事情吗？"

"当然。尽管说。"

"克里斯蒂，"安妮深吸了一口气，她犹豫了一会儿，然后，她微笑着说，"你有时间到我的房间里来一下吗？我想，我有一件上衣，正好和你的裙子相配。"

两个人相互瞅了一眼，又都笑了，那微笑是那样单纯、和谐，像午后的一缕阳光穿透整个天空。

修改一封情书

千山

　　我不说想来你也知道，我十六岁那年不是现在这样的。嗳，不是，不是，青春娇俏是一定的，不像现在，出门逛街被商场的导购小姐尊称大姐，郁闷。我是说，我十六岁时并不像现在这样温婉文雅、体贴含蓄。天知道，每个女孩都是骄傲的。何况我可以发表作品，校长将稿费汇款单亲自送到我们教室里，我得有多大的自制力才能不骄傲？

　　若老老实实地说，我实在不能算是美女，也就中人之姿吧！可是青春是多么神奇的力量，它简直有化腐朽为神奇的能力。面庞永远水嫩，腰肢永远纤细，笑声永远清脆，我又是那样的自信、脱俗，一下就跳出大众，出类拔萃与众不同起来。由此你可以想象，我该有多么广泛的仰慕者与爱慕者兼暗恋者啊！但或许他们都偏于害羞含蓄，表白者倒是不多，也是奇哉怪也。

　　但还是有一个勇敢地站出来了（其实也没站出来，只悄悄把信塞在我书桌里），我初次接到情书，实在没啥经验应对。而且也没有小说中写的那样激动唯美，那些夸张描写大抵是作者胡乱写出来骗稿费的。我只是一时茫然，不知如何处理。交给老师是不会的，那是小学生才干的事。我偷瞄写信的男生，他坐在位子上假装看书，却紧张得翻书的手都是抖的。既矮且瘦，貌不惊人，全然不是我理想中风度翩翩玉树临风的伟岸形象，我不禁有些失望。再看情书，诚意是有的，文笔却不敢恭维，居然还有错别字。

　　我一生有一个致命缺点，总是一时兴起做一些任性而为的事。天知道我哪根神经出了错，我居然将这封生平第一次接到的情书修改润色、认认真真改了错别字，悄悄地塞还他的书桌里。那个可怜的男生，他大约猜想了一千种答案，但还是得到了第一千零一种。以后同班的半年，他看见我总是低头匆匆走过。年少的我要读书、考试，要写稿、寄稿，要无事悲秋、为赋新词强说愁，旁骛实在太多，这件事就渐渐淡去。

直到两年前，我们一班老同学聚会，有一个个子不高相貌普通的男子殷勤为我倒茶，我都没觉察有什么异样。太多年不见，彼时的少男少女都改了模样。我不大认得清楚，又不好意思表现得太明显，只是微笑。他却磊落大方、笑嘻嘻道："怎么？不记得我了？当年，你帮我修改了一封情书呢！"我大吃一惊，嘴巴张开再也合不拢。我已经不是十六岁，这十多年我早已历练的世事洞明人情练达，自然可以体会他当年的尴尬羞惭。你看你看，我伤害了怎样一颗纯挚的少年的心，亵渎了一份澄净的真切的情意。

而他事隔多年，就那样磊落大方、笑意盈盈的提及，你可以想象我的窘迫。而我，再也无法潇洒地侃侃而谈，唯有像白痴一样，他说一阵，我就嘻嘻赔笑两声。

假如以后我有女儿，我会把这个故事讲给她听；假如以后我女儿也有女儿，我也会把这个故事讲给她听。我们可以骄傲，我们可以任性，但我们怎么可以肆无忌惮地伤害？拒绝，原本可以委婉。

母亲的萝卜宴

池丽娟

那是20世纪80年代的一个冬天，那个冬天来得特别的迟，也来得特冷。期末考试一结束，大家就迫不及待地往家里躲。于是，紧张的心一下子轻松下来了。由于考得不是很理想，我闷闷地在家待了两天。家长说让我和同学走走，说说话，也许心情会好一些。

那时，读高三的同学我们村也就四个，李家湾的海子是我最好的朋友。到了他家，海子就把其余的两位同学也邀了过来。海子的父亲是村长，家境是我们四个同学中最好的。他的母亲好客，便丰盛地招待了我们一餐。吃饱喝足了，我们围着火塘海侃了一通。夜深人静，我睡在海子家暖和宽大的床上怎么也睡不着，我的脑海里尽是母亲佝偻的身影和苍苍的白发，想着母亲的辛苦和自己不尽如人意的期末成绩，我的眼泪禁不住地流了下来。明天回家，一定要帮母亲打柴！我在心里默默地说。

第二天一大早，我执意要回家。几个同学便讨论了起来。一会儿，海子说话了："难得轻松一回，你就要走了，多可惜呀。还是我们几个一起上你家吧。"

我没有任何理由拒绝，大伙就"轰"的一声往我家跑。同学们来了，我的母亲自然高兴，笑呵呵地忙进忙出。其实我知道是我出了一个难题给母亲。一贫如洗的家里，我们拿什么招待同学呢？于是我趁同学不在身旁的时候，悄悄问道："娘，我们拿什么招待同学啊。"突然，母亲的脸上有些难色，但只是一瞬间。娘说："你去陪同学生火，我自有办法。"我知道，娘为了送我上学，想了不少办法。可今天娘还能想出什么办法呢？

寒冬的太阳一下山，村子就没有了那份温暖。聊了一下午，同学们似乎也累了。娘不让我插手做饭，便像陀螺似的一个人忙了一下午。

四点的时候，终于做好了晚饭。娘在灶房喊："池惠，快叫大家来吃饭！"我心里忐忑不安地把同学带到了灶房。走近饭桌，我们都大吃一惊！

桌子中央是一大盘芹菜炒蛋，旁边一盘盘是什么，我一时还判断不准：金灿灿的丁子肉，淋着辣椒酱的长肉块……我莫名地看着母亲，只见母亲用手理了理苍白的鬓发，笑了笑，说："来，尝尝伯母的手艺。"我们大家纷纷伸出了筷子。一样菜到了口中，我打了个激灵，又一样菜到了口中，我又打了个激灵。当我尝遍桌上的菜时才知道除了那盘煎蛋，其余的都是萝卜！红烧萝卜，清炖萝卜，萝卜条，萝卜片，萝卜丝，干萝卜，鲜萝卜……

霎时，席间没有一个人说"萝卜"两个字。在昏暗的灯光下，我的眼前一片模糊，唯有母亲的笑容在我眼前闪耀……

天使之翼

夏艺文

一家名叫"天使之翼"的巧克力店开在了德安克镇。开店的是一对母女，母亲叫安雅曼，女儿叫阿努尔。

德安克镇环境宁静优美，但偏僻的地理位置使其鲜有外人到达。镇上的千余居民过着"世外桃源"般的生活，心地善良的他们熟识得就像一家人似的。突然出现的安雅曼母女，引起了德安克镇居民们的关注。

安雅曼携着年仅8岁的女儿，全身荡漾着热情的气息。她是一位非常出色的巧克力师傅，能够做出各种样式、各种味道的巧克力。25岁那年，她与一名英俊潇洒的小号手闪电结婚。然而，女儿阿努尔不到5岁时，小号手便违背当初的誓言，丢下她和女儿离家出走了。

从此，阿努尔变得非常自卑，不再和母亲以外的任何人说一句话。在多方求医后，安雅曼得知女儿在遭受父亲离去的创伤后，患了严重的自闭症。医生告诉安雅曼，她女儿的自闭症并非一般的药物就能治疗，必须用真爱打开其心结，重新树立她对生活的自信。

此时的阿努尔经常将自己关在家里，并疯狂地爱上了巧克力制作。看着每天沉醉于巧克力制作的女儿，安雅曼心疼无比，她多希望女儿大胆地走进屋外的世界啊。"我不要出去，我不要看到那些目光！"听到女儿恐惧的喊叫，安雅曼意识到，那是因为女儿很在意周围的人都知道她俩被抛弃的事。看着郁郁寡欢的女儿，安雅曼做出了决定：辞职，离开纽约，到一个谁都不认识她和女儿的地方去。

来到德安克镇后，安雅曼本想将女儿送进学校，但自卑的阿努尔拒绝了母亲的要求。不想女儿孤独的安雅曼，在作出一番思考后，决定利用女儿对巧克力制作的喜爱开一家巧克力店，并坚持要求客人将需要的巧克力全由女儿制作。安雅曼将巧克力店取名为"天使之翼"，希望女儿阿努尔像有翅膀的天使一样，大胆飞到外面的世界去。小店开张前，阿努尔发现母亲每天黄昏时刻都要出去，直到深夜才回来。

在安雅曼和女儿阿努尔来之前，德安克镇还没有一家巧克力店。善良的居民们在欢迎安雅曼母女的到来时，也被"天使之翼"巧克力店深深吸引了。特别是店门的墙壁上挂着一个可爱的背着一双五彩翅膀的天使，竟然和店主安雅曼的女儿长得极像。

德安克镇的居民们走进"天使之翼"，不必说自己需要什么味道的巧克力，只需走到柜台前，看安雅曼转动柜台上的转盘。转盘表面用扭曲的线条和各种颜色画着很多动物和花朵，以及人物等图案。当安雅曼转动转盘时，顾客仔细看着转盘，在转盘停下来前，回答安雅曼的问题："请问您看到了什么？"在听到顾客的回答后，安雅曼能够很快猜出他的心意，知道他喜欢什么味道的巧克力。如果这个客人喜欢薄荷味道的巧克力，安雅曼会喊道："阿努尔，请给客人来一份薄荷味巧克力。"很快，从不与外人说话的阿努尔会为客人送来一份中意的薄荷味巧克力。

仿佛有着神奇的魔力一般，安雅曼从那个转动的小小转盘里，可以洞悉小镇里每个顾客的心思。德安克镇的人们越来越喜欢到店里来领略安雅曼的神奇，以及忧郁的阿努尔特制的巧克力。品尝后，人们总会用热情的眼神看着她说："这是我吃过的世界上最特别的巧克力！"

在德安克镇上，阿努尔每天都可以听到来自人们的真心赞扬。渐渐地，她的脸上会不由自主地露出久违的笑意。不久，阿努尔勇敢地走到柜台前，帮母亲转动转盘，让客人回答看到了什么。阿努尔开始与陌生人交流，她的转变令安雅曼非常欣慰。

德安克镇的人们到"天使之翼"品尝安雅曼母女共同制作的巧克力，几乎成了一种习惯。几年时间过去了，人们的赞扬让阿努尔变得无比自信。而此时，她也和母亲安雅曼一起完全融入了德安克镇的生活中。

自信的阿努尔每天都带着迷人的微笑。德安克镇的人们见到她，总是亲切地将她叫做"巧克力天使"。在人们亲切的叫声里，阿努尔健康地成长着。20多年后，不再自卑的她成了著名的心理咨询师。面对那些自闭症患者，阿努尔总是深情地讲起她和母亲的"天使之翼"。

多年来，有一个问题一直困扰着阿努尔，她制作的巧克力在德安克镇总是得到人们的称赞，可每每她品尝自己制作的巧克力，却并没有人们说的那么美味。一次，费解的阿努尔终于忍不住把心中的疑问讲给了一个镇上的居民。那个居民给她讲了一个故事：20多年前的多个晚上，德安克镇所有居民的家门都被一个年轻漂亮的女士敲开了，告诉他们她将开一家巧克力店，邀请他们前去品尝，并请求人们无论巧克力的味道怎么样，都不要忘记赞扬这是他们吃到的最好吃的巧克力。镇上的居民们明白这位女士这样做的目的是为了女儿，无比感动地答应了她的要求。

阿努尔终于明白，为什么"天使之翼"巧克力店开门前，每天晚上外出的母亲深夜归来时都很累，也明白了作为出色的巧克力师傅的母亲，为什么坚持要她制作巧克力。善良的德安克镇人和深爱她的母亲一起，用热情塑造了一个自卑小女孩的自信。

走在高考的路上

陆 瑶

一

突如其来的震动硬是打断了我的酣睡。同桌极负责任地用肘碰了我一下，"测验了。"几番挣扎后，我终于带着惺忪的睡眼从课桌上爬了起来。同桌说，我那蓬头垢面满眼幽怨的样子甚是吓人，像是从墓地里爬出来似的。为了让同桌的话不至于冷场，我从嘴角挤出一丝笑容。同桌顿时毛骨悚然："你，你别笑，好阴森啊……"

尽管同桌做出了强烈的反应，我至今还是不知道自己的神态到底有多诡异。只是纳闷同一段情节每天都上演一次竟然没有人觉得腻，依然乐此不疲。

一看时间，不早了。我抓起笔飞快地在答卷上画，仿佛做完了就可以万事大吉。数学老师终于还是在我最后一题写到一半的时候喊了收卷。全班同学"哗啦"一下子全把卷子递了上去，那场面有点像一群热情的粉丝在向一个万人迷索要签名，嘴里还疯狂地喊着："这边！这边！"而事实是，老师定了个极怪的规矩，交得最迟的3份试卷他从来不收。

本来以我的速度，在一分钟内将答案写完并赶在倒数第5份的时候交上去是来得及的。但是混乱的场面把我一条愈显清晰的思路扯断了，并揉成一团。结果整个方案的执行命令从大脑传到手指再传到钢笔的时候被卡在笔尖，任我怎样敦促，它始终出不来。

这时后排的几位同学从座位上一跃而起，我连忙以迅雷不及掩耳之势把试卷塞入老师怀里。谁叫我坐在第一排，近水楼台先得月嘛。

我原想窃笑几声以示成王败寇的，但是想到最后一道题还没做完，我

第三章

不要让太阳再流泪

的笑又僵住了。

那半截思路还卡在笔尖上，出不来回不去，只得尴尬地堵着。

课间5分钟，我又回到我的"墓地"去了。

二

每天都期待那放学的钟声"咚咚"地响起，希望它能把当天一切的紊乱都敲断。但是，这紊乱似乎总无尽头，如果有，只会是明年6月（至少我现在是这么想的）。每次钟声的响起只是预示着下回紊乱的开始。

瘦小的同桌费劲儿地整理好桌上和市区电话簿一般厚的"资料书"们，深有感触地问我："你做好准备迎接高三了吗？""它都已经来了，还用我去迎接啊？！"我不冷不热地答着。的确，后知后觉，高三已经到来了。

我一直都执著地认为对一些事没有经历过的人没有发言权，但是现在我经历了几天高三也还是不敢发言。毕竟，见习小巫在修炼千年的大巫面前是没有发言权的。以前见过师兄在作文上的一句话："高三，无暇寂寞。"看似轻描淡写的一句话却渗透了无法言喻的沉重。

走进高三，最让我无所适从的是当我想偷懒的时候总是找不到借口。一切冠冕堂皇的理由在高考面前总显得不堪一击。我只能像一只陀螺一样机械地转下去，停止就意味着倒下。

我有时也灵光乍现般地顿悟："活着不是为了吃饭。活着，是为了考试！"

看来我更想以抗拒的方式来面对高三。我把自己强行粉饰一遍，誓要以最雍容华贵的姿态出现在高考这个舞台上，并且只有一次机会，只有一个结果——通过或被淘汰。

我抗拒我的生活变成一场带有功利性的表演，有点机械，有点失真。

三

"高四"的学生开学了，和我们安排在同一栋楼。楼下搬来了个体育班，人数不多，但个个有型有格，有胳膊像横断山脉一样突兀的，也有皮肤像农夫山泉的水一样干净的。这在我们班女生中掀起了不小的风波。一向深居简出的女生们现在居然一下课就跑到走廊里"凉快凉快"，并且一边凉快一边往下张望，对各类风格的男生进行人气排行。不到一个月，楼下的体育生都有了自己的代号，而我们也都有了自己的精神寄托。

一天，一向腼腆的同桌突然神秘兮兮地对我说，不如你把钥匙借给我，我拿到楼下去问问是谁丢了钥匙，这样就可以借故……同桌的话还没说完就吓得我满地为她找矜持。

鲁迅先生有云：不在沉默中爆发，就在沉默中灭亡。班里这群压抑太久的小羔羊不甘灭亡，所以一下子变得异常活跃，让人误以为她们能吞得下一只狼。然而，楼下的每一只狼都有着一双不太明亮的眼睛，仿佛隐藏着一段长长的过去。

在高三，我们喜欢把一切违反常规的现象叫做"高三症"。譬如老师发了一大堆试卷后说，为了不浪费，你们最好要完成。然后学生说，为了不浪费，你最好不要再发。老师对上课铃极度敏感而对下课铃充耳不闻，而学生正好相反。

四

我抬头望了一眼窗外，现在虽然不是"秋风秋雨愁煞人"的季节，我还是会感怀身世般地叹出一口气。我喜欢叹气，因为我害怕哀怨积聚在心头会招致不良的后果，像厉鬼，永世不得轮回。

我相信有时候人可以在瞬间获得灵感，继而大彻大悟。

中午扫除的时候我无意中看到班里一个"高四"插班生的草稿纸上写着几句话，我的心强烈地颤抖了一下。清秀的字迹无力地在纸上流淌，融入了多少辛酸？当他们坚毅地收拾心情从头再来的时候，我却在被动地迎合高三。兴许，我远远没有资格去夸大其词地描述自己的困扰。因为我只是一个在象牙塔下驻足仰望的过客，连一个游客也算不上。

那是一段短短的歌词：

有没有一扇窗，能让你不绝望？

看一看花花世界原来像梦一场，有人哭、有人笑、有人输、有人老，到结局还不是一样？

我不会去揣测他究竟经受了一种怎样的打击，那都已经成为过去。现在，我只看到他眼神里的坚定，我忽然有种久违的感动。当我看到他们以征服的心态面对高三的时候，似乎心里所有的郁闷都释然了，每个疑惑都找到了它的答案。

五

盛夏，鸣蝉的热情总是很高很高。

南方的夏天总是燥热的。炽热的太阳把皮肤烤得火辣辣的，没有太阳的时候就下雨，倾盆而下。然而从前，我却是个喜欢夏天的孩子。

这几年的夏天越来越热，它破坏了所有人对它的印象。大家总视南方的夏天为一个烦躁不安的季节，互相抱怨着这鬼天气。而我却依旧每年期待它的到来。尽管我的皮肤变得又黑又粗，尽管有时候我也被淋成落汤鸡。

我蓦然发现，我仍执著地喜欢夏天，喜欢夏天的空气夏天的海，不为别人的三言两语所影响。

我也发现了在高三，我仍然紧紧地把握住属于自己的天空，不轻易为大多数人的态度让步。是的，我的高三不仅仅是为了高考。

　　我与我的亲密战友们一同去涉足这段痛并快乐着的旅程，去经历一段我们未曾有过的体验。

　　有人说，上帝关上一道门，必定留下一扇窗。我说，这绝不是一扇用来出逃的窗。我在静静等待夏天，等待高考的到来。

捡起自己的道德

周文龙

　　散步的时候，我在地上发现一部手机。没等我反应过来，儿子已经蹦过去一把捡起来。是款崭新的黑色手机，很漂亮。四处看看，还真不好说是谁丢的，决定等失主自己打电话过来联系。我觉得稀罕："我还以为咱家只有丢手机的命呢。"

　　看着捡来的手机，儿子问："要是没有人打电话联系呢？"似乎猜到他的心思，给他三条提议：第一，通过存在手机里的电话号码寻找失主。第二，次日把手机交给老师，由学校处理。第三，如果确实没人来找，这部手机就归他所有。

　　儿子歪着脑袋想想："第一条可以考虑。第二条无聊透顶。我们班同学有次和他妈妈在外面捡到手机，也不理别人打电话过来，硬是等第二天带到学校交给老师。联系到失主后，还要人家写感谢信。开校会时校长拼命表扬，还说这是学校的荣誉。绕来绕去就是为了让别人都知道。第三条……"他没继续说，我也不问。知道他心里的那个结：说起来全家前前后后丢了5部手机，都没能找回来。最可气的就是儿子的那款苹果绿的手机，那是他的儿童节礼物，喜欢得不行。用了还没半个月，落在出租车里，发现时那车都没走远，打过去居然关机。倒是他对把手机交给学校的那番评论，出乎我预料。

　　果然，儿子有些想不通："为啥别人捡到我们的手机都不还，我们捡到了却要还给别人？"我想都没想："我也想不通。我只是相信：人不能贪小便宜，贪小便宜的人肯定会吃大亏，也赚不到钱。我丢手机那次，打过去听到关机，气得我可劲儿诅咒那个拿我手机的人。被人诅咒可不是件好事，除非你问心无愧。做过亏心事，就算别人不知道，还有天在看着呢。"儿子不再言语。

　　总算等到失主的电话，告诉他我们所在的位置，很快就看见一个瘦瘦高高戴着眼镜的小伙子急匆匆地从远赴奔过来，估计是附近院校的学生。看他急成那个样子，真替他庆幸他遇到的是我们。儿子把手机递给他时，可能是没想到手机如此轻易地失而复得，他竟愣在那里不知所措。好不容易缓过神，只知道冲着我们不停地说："谢谢这位叔叔，谢谢这位阿姨，谢谢这位小弟弟。"挥挥手和他道别。直到我们走远，他还呆呆地站在那里。儿子心情很好，拉着我们有说有笑，还不时模仿那丢手机的小伙子语无伦次的样子。

　　快到家时，儿子忽然不好意思地说："其实，刚捡到手机那会儿，我还在想：要是没人打电话过来联系就好了。"我牵紧他的手："不管怎样，你真的很棒。你比好些成年人都做得好。最起码，你不仅善良而且不虚伪。"

　　正是因为怀有世俗的心态，所以能够懂得高贵。

少年阿三

谢吉安

朋友拍摄短片，我过去帮忙，给他挑选演员。我们在一所中学门口摆出星探的Pose，等着放学铃声响起，从水泄闸一样而出的90后里，挑选那些适合于不同角色的演员。

我们很快从一群有着叱咤风云举止的男孩子中，锁定了目标。是一个神情淡漠懒散的男生，书包的带子，快要耷拉到地上了，却还是不知不觉，一个人兀自向前走着，有不合群的孤单与骄傲。

我穿过重重的人群，将他及时地拦截在门口。像个骗子一样，我拿出朋友的名片和剧本简介，说，我们要拍摄一个短片，想找演员，觉得你合适，不知你有没有兴趣。他将名片随意丢在自行车车筐里，而后淡淡扫了一眼剧本的名字和内容简介，用慵懒的语气回复我说，我看看再说吧。说完也不等我闪身让路，便绕过我，吹着不知曲名的口哨，混入人群之中。

就在我和朋友对这个干什么事情似乎都不会起劲儿的小男生失望的时候，他突然打电话过来，说，已经想好了，答应出演我们需要的那个角色。

我有些为朋友担心，将一个重要的角色给这个明显没有团队精神的男生，是不是一个失误。假若他拍了一半，便任性不再来演，或者即便是参演，也漫不经心，那该如何是好？

短片很快进入了拍摄。无事可做的午后，我偶尔去探班，会看到那个被朋友叫做阿三的男生，在默记着台词，或者一个人对着镜子，排演着即将需要拍摄的情节。相对于其他男生的吵嚷与喧哗，他的安静，有着让人觉得不可接近的距离感，我很难猜出朋友是如何一遍遍要求他将同一句话，在镜头前重复说上20遍，却可以始终没有一声抱怨。

我完整地看过其中一段影片的拍摄。讲的是阿三所处的小团体为了各自的利益，牺牲了其中一个朋友的声名，导致这个男生被学校开除，阿三在洗手间里朝这些所谓的哥们儿吼叫。不知何故，我与周围的人皆觉得阿三已经演得足够地投入，嗓子都几乎哑了，但朋友始终觉得缺少了几分疼痛感，于是便让阿三一次又一次地重复着，最后，这一个短短两分钟的镜头，竟是耗费了一下午的时间才最终通过。拍摄完毕时，周围的人皆一脸鲜明的怨恨。而作为这场戏主角的阿三，却在散场后，用仅剩的一点儿力气，嘶哑着嗓子，问朋友他是否是一个合格的演员。朋友像一个大哥，拍拍他瘦瘦的肩膀，说，阿三，你是我遇到的最棒的演员，真的。在这句话后，我看到阿三微笑着，躺倒在地上，闭上眼睛，竟是片刻，便起了轻微的鼾声。

16岁的阿三，和电影里的角色一样，出生于单亲家庭，父母各自有了新的归宿，他在母亲的新家里，有无所适从的恐慌，却是用冷硬的表情和轻狂的举止，掩藏住内心的孤单与对温暖的渴求。而一眼看穿了他的伪装的朋友，则用不着痕迹的关爱，让他慢慢地褪下那层坚硬的外壳，将一颗被冰冻了许久的热烈的心，捧出来，给值得他付出的人看。

短片剪辑时，我过去看。在黑暗的小小的放映室里，我在屏幕上又看到那个阿三，他的第一个镜头，竟是面对着大家微笑的特写。那样浅淡的笑容，因为近到可以触摸，隔着时空看过去，总感觉有一丝的疏离。就像他原本应该满不在乎，应该在排练时跟朋友耍小孩子脾气，应该迟到早退，应该对微薄的报酬斤斤计较，应该嘻嘻哈哈，应该得意忘形，这才是90后的阿三所应具有的表情。

但我还是从这样少有的微笑里，看清了这个小男生，在左冲右突的青春烦恼里，隐藏着的柔韧的光华。是这样的温度，让他于最叛逆的少年时光，可以如一株山野里的柏树或者梧桐，旁若无人地生长，一直将那稚嫩的枝条，冲出藤蔓的缠绕，或者其他枝杈的阻碍，成为那插入蓝天的张扬的主干。

而这，便是像阿三一样孤单的少年成长的粗粝的弧度。

不要让太阳再流泪

阿凌

儿子是悬挂在我心灵天空的那轮太阳，他的阴晴是我的悲喜。我的太阳流泪了——都是考试惹的祸！

排词造句：荷花，在，小明，笑，阳光下，冲着。

儿子写下"阳光下，荷花冲着小明笑。"鲜红的错号冲着儿子龇牙咧嘴，标准答案是"小明在阳光下冲着荷花笑。"

死板的常规思维挫败了形象的描述！

造句：用"终于"写句话。

"盼呀，盼呀，盼得我精疲力竭，终于放假了。"

八岁的孩子，用了反复的修辞，还形象地用"精疲力竭"刻画出"终于"的艰难，又错了。问其原因，"思想认识不正确，学生不能老盼放假。"

天哪，是考思想认识吗？

作文：我的理想是____（根据需要填入内容）。

儿子填进的是"……"，他这样来写：我的理想很多很多……

我想成为一名医生。奶奶身体不好，有时半夜都得找医生，爸爸不在家，妈妈实在太辛苦了。我成为医生后，就能给奶奶看病了。我想成为一名老师。我们学校都是女老师，我们喜欢男老师，男老师把我们培养成男子汉。我的理想就这么多，我真的都想实现！

评语是"不具体，脱题了"。曾经是教育工作者的我真得无话可说，又能说什么呢？这仅仅是一张试卷，我不知道后面还有多少份"标准"的试卷在等着他，有多少伤害在等着他！

我的太阳困惑于知识的对错，我真的希望他在多样化语言展示的快乐

104

中学好语文——我们最美丽最丰富的母语！

惹得我的太阳因困惑而流泪的，不止是知识的掌握。

学校尝试"诚信无人监考"，让学生相互监督。儿子是决不会照抄的，反倒监督出三个学生，还诚实地附上了他的班级姓名。其中两个就是他们班的，惹得任课老师很不高兴，班主任说他"胳膊肘往外拐不分里外"，批评了他。

我的太阳那次几乎是泪雨滂沱——我又如何能抚平他心头的伤痕？我又怎能保证这是他第一次也是最后一次因为坚持正确而受到伤害？这还是在学校，一个专门履行教育的神圣场所，校外的是非更为模糊，我又如何去照顾、呵护他？

我盼望他能尽快走向自立、自明是非并恪守做人原则，可我真的不希望他在懵懵懂懂中伤痕累累，那样，他将如何构建起美丽而坚固的人生大厦？

不要再让我的太阳流泪了！灿烂，才是他的本性！

月亮的女儿

［美］凯西·艾莉

每天，当最后一缕阳光隐没到山坡后，6岁的小女孩芭丽就会走出自己的房间，来到户外。她看着群星出现，月亮升起，便在月光中光着脚丫欢快地跳着、舞着。"当月亮出现时，我就安全了。"她一边说，一边旋转起舞。芭丽不知道太阳照在脸上那种暖融融的感觉。因为她和其他小孩不同，她是"月亮的孩子"。

芭丽出生三个月后，腿上、胳膊和脸上开始出现雀斑，9个月大时被发现是XP病患者。"XP"是着色性干皮病的缩写，一种罕见的遗传病，100万人中只有一例。该病患者被太阳光损伤的皮肤不能自行修复，被任何紫外光照射（包括从窗户照进来的非直射光和荧光灯），都可能导致严重的后果，此病目前还无法治愈。这是很残酷的疾病，患者大部分的时间要生活在与阳光隔绝的空间里。有些病人最终可能会失明、毁容或者神经衰退，导致大脑反应迟钝。

为了避免出现危险，芭丽家白天窗户的光都要遮住，芭丽被绝对禁止在日光下活动，哪怕只是一小会儿。当家人打开门和邻居说话或是出去取信件时都特别注意，以防太阳光照射到芭丽。

家人用了防紫外线的特殊材料换下了窗纸；调整了作息时间，将睡觉时间调后，以便芭丽在黑暗中活动的时间更长一些。当芭丽18个月大的时候，父亲打听到弗吉尼亚有一个地方用美国宇航局设计的材料生产从头到脚防阳光的制服，但一套制服要2000美元。家里为了芭丽看病已经花了很多钱，实在没有钱买防护服。朋友们和好心的陌生人来帮助他们了，通过义卖和捐款筹到了5000美元，足够买两套防护服，众人齐心协力要把些许阳光送进芭丽的生活。

刚开始，芭丽很不喜欢穿这样的外套，特别是在夏天，犹他州的温度有时高达四十多摄氏度，穿那样的衣服太闷热。每次都是在妈妈帮助调整了头罩和眼镜后，她便飞奔出门，穿过耀眼火热的正午阳光，钻进好朋友家的后门，迅速脱下了套装。

费特纳家周围的许多邻居都调整了自己家的窗户以便芭丽能过来玩。为了芭丽的安全，芭丽就读的华盛顿小学和芭丽常要去的教堂的每扇窗户都经过调整。

2002年秋天，社区筹款为芭丽建了个室内的儿童游乐场。游乐场就建在她家的旁边，里面有秋千架、小游泳池，天花板上画着蓝天白云。这项工程先后有150多个人义务参与其中。"我不能想象如果一个小孩不能奔跑，不能尽情地荡秋千是什么情形，"一个提供了建筑材料和工人的建筑承包商说，"这都是人生中的一些小乐趣。"现在芭丽能在自己的天空下荡秋千。他们一家甚至找到了办法度假——在天黑之后，旅行，并在芭丽进房间前在酒店的窗户上贴上黑色的塑料袋。他们已经玩过了迪斯尼乐园，父亲还梦想有一天能带着女儿飞到巴黎尽情享受城市的美丽之夜。

在温暖晴朗的散发着植物芬芳气息的傍晚，芭丽·费特纳问道："天足够黑了吗？"在得到妈妈允许后，她兴奋地打开大门冲到新鲜的空气中，爬到后院的蹦床上，在监察下跳跃，辫子飞扬。芭丽越跳越高，越来越接近月亮了。

给自己发的讣告

［美］威尔·史密斯

那年秋天，我大学毕业，兴高采烈地步入社会：去《博林顿日报》做实习记者。因为是新手，我只能报道儿童拼写比赛、婚嫁和讣闻。平淡如水的日子里，我对那些冲锋陷阵、冒险抢下重大新闻的无冕之王羡慕不已。尤其是每月获得"最佳记者奖"的同事，他们的经历充满了刺激、惊险和耀眼的光辉，与我的工作大相径庭。

一天下午，讣闻专线的电话铃声大作。"博林顿日报。"我拿起话筒机械地说道。

"呃，你好，我……要发一个讣告。"对方似乎口齿不太伶俐。

翻开笔记本，我按部就班地问着写讣告栏目需要的信息："逝者姓名？"做了两个月的讣闻，我已经驾轻就熟。

"乔·布莱斯。"

我有种异样的感觉，因为他和其他发讣告的人不同，态度既不悲伤也不冷漠，而是一种说不出的迷茫和绝望。"死因？"我又问。

"一氧化碳中毒。"

"逝世时间？"

隔很久，他才吃力地回答："嗯。具体时间我还不知道……反正快了。"发音愈加含混不清。

电光石火之间，我猜到了答案，但仍故作镇定地问："您的姓名？"

"乔……乔·布莱斯。"

虽然有思想准备，但心还是狂跳不止，我一边向同事做手势，一边竭力保持冷静。"乔，告诉我。一氧化碳是从哪儿来的？"

"我拧开煤气……没点火……我很困，还有别的问题吗？"他的声音显得疲惫不堪。我知道毒气已经开始起作用了，时间紧迫。幸好编辑注意到我的手势，向这边走来。我示意他不要说话，在笔记本上颤抖地写："那人要自杀！"编辑马上会意，抄下来电显示的号码，用口型告诉我："我去报警，尽量拖延时间。"

我的神经略微松弛，大脑随即飞快转动。一台生死大戏正在上演，而我可是掌握着剧情发展的重要的一环。我若失手，故事便成为悲剧。"非常感谢您的合作，但我还需要一些信息，您愿意帮助我吗？"我用最甜美、最缓和的声调说，尽量让乔在线上多待会儿，保持清醒。我知道，一旦睡着，他就可能再也不会醒来。乔告诉我，他失业了，妻子因此离开了他。"活着……还有……有什么意思。"乔断断续续地说。

编辑向我点头，意思是警车已经出发。同事们安静而焦急地看着我。话筒那端的声音越来越难分辨。我闭上眼睛，想象自己坐在乔的对面，集中精神听他说话。1秒钟仿佛1小时那么漫长。我不时地说："乔，我在听，请继续讲。""……等……""扑通"，乔好像摔倒了，话筒中一片死寂。我攥紧拳头大喊："乔，坚持住！"突然，我听到警笛声、救护车声、敲门声，随后是玻璃破碎的声音——救援人员终于赶到了。一个陌生的声音从电话里传来"我是警察。你是谁？"我把身份告诉他，然后鼓起勇气问："乔怎么样？"

"屋子里到处是煤气，十分危险，我们要马上撤出。谢谢你及时报警，病人还有救。"我挂上电话，对着编辑只挤出三个字："还有救。"顿时掌声、欢呼声从编辑部各个角落传来，我们相互拥抱、握手。

月末总结会上，总编宣布本月"最佳记者奖"的获得者是我！太不可思议了。看到我惊讶的神情，一个王牌记者说："你当之无愧。如果那天是我接电话，我肯定不会注意到乔要自杀。"

"我也没做什么呀，只不过听他说话……"

那位资深记者微笑着拍了拍我的肩："但是你的倾听中没有冷漠和机械，却多了一份细致和善良！"

第三章 不要让太阳再流泪

第四章

如果再给一个开始

用左手刷牙

[英] 伊丽莎白·米勒

那一年，我还是个20岁的儿科见习护士，正处于从学生期过渡到正式护士的阶段。那时候，我认为，在儿科当护士比在心血管科或者手术室当护士要容易得多。因为，我总是喜欢照顾孩子们，喜欢和他们一起游戏。我相信这个过渡期一定会很短暂很容易。我会轻而易举地通过测试，顺利毕业。

克瑞斯是一个8岁的小男孩，浑身似乎有使不完的劲，在他参加的每一项体育运动中都表现得非常突出，成绩优异。但他因为不听父母的话，到邻居家尚未完工的建筑工地去玩，并且爬了梯子，结果跌下来，把胳膊摔断了。

他被摔断的胳膊因为裹扎得太紧而受到了感染，里面淤积了脓毒，产生坏疽。在这种情况下，除了截肢，别无选择。

我被指派为护理他的护士。

开头的几天过得很快。我在为克瑞斯做健康检查的时候，尽量显出高兴的样子。在检查过程中，他的父母一直在旁边陪伴他。

随着对他药物治疗的逐渐减少，克瑞斯对自己的病情也知道得越来越多。而一旦明白了自己的处境，他的情绪就日益低落，整天闷闷不乐。当他看见我拿着洗浴用的清洗棉球进来时，眼里立即流露出戒备的神色。我把毛巾递给他，建议他接过去。他只洗了脸和脖子，就停下来不肯洗了。我只好帮助他洗完了澡。

第二天，我告诉克瑞斯，他必须自己独自洗澡。他不肯。我坚持要他这样做。他洗到一半，突然跌坐在地上。他说："我累极了。"

"你不会在医院里待一辈子的，请相信，"我轻声告诫他，"你必须

111

第四章　如果再给一个开始

学会自己照料自己。"

"噢，我做不到，那又怎样？"他怒气冲冲地说，"我只有一只手，能做什么呢？"

我立刻换上一副最最明丽的笑脸，同时，急切地运用我的大脑，希望能够发现一丝希望之光。最后，我说："克瑞斯，你要相信自己能够做到。至少你还有右手。"

他把头转向别处，低声嘟哝道："我是左撇子。至少过去是。"然后，他又怒目瞪视着我，"怎么样？"

突然，我觉得自己很可耻。我觉得自己像个骗子，又虚伪又不真诚，对他一点实际的帮助都没有。我怎么能够想当然地认为，一个突然失去左手的人很轻易地就能面对生活，照料自己？看来，他和我都还有很多东西需要学习。

第二天早晨，我微笑着跟克瑞斯打了个招呼，同时把手中的一根橡皮筋在他眼前扬了扬。他怀疑地看着我，我把橡皮筋松松地绕在自己的右手腕上，说："你是左撇子，我是右撇子。我将把右手背在身后，然后把橡皮筋绕到我的制服扣子上，把右手固定在那儿。以后，我让你用右手做什么，我自己就用左手先做一遍。我还答应你不会预先练习。现在，我们应该先练什么呢？"

"我刚刚睡醒，"他嘟嘟囔囔地说，"我需要刷牙。"

我设法拧掉牙膏盖，然后把他的牙刷放在床头的桌子上。之后，再笨拙地把牙膏挤在牙刷上。我越是费力地做这件事，他就越感到有兴趣，像这样奋斗了大约十分钟，并且浪费了一些牙膏之后，我成功了。

"我一定做得比你快！"克瑞斯断言。而当他这样做的时候，他咧着嘴笑的模样就和我的笑容一样真实，一样发自内心。

接下来的两个星期飞快地过去了。

我们以极大的热情和竞争的精神处理他的日常生活。我们扣他的纽扣，在他的面包上涂黄油。尽管我们的年龄存在着差异，但我们以平等竞争的方式进行着我们的游戏。

在我实习结束的时候，克瑞斯差不多已经能够自理、能够较有信心地面对生活了。我们以真诚的友谊相互拥抱着道别，眼睛里充满了感伤的泪水。

从我们分别到现在，已经过去30多年了。在我一生中，曾经遇到过很多坎坷，但是，每当我在生活中遇到一件我从没有做过的事情时，我就止不住会想起克瑞斯，不知道他会如何处理。有时候，我会把右手背在身后，把大拇指勾在皮带上，试着用左手去做这件事。

每一次，当我顾影自怜或是为一些小委屈或是其他什么事情感到伤心的时候，我就会走进洗手间，再一次尝试用左手刷牙的滋味。

和学生的秘密

李思怡

有一天，一个正在当小学老师的朋友讲了一个小男孩的故事。

他7岁，上小学二年级。他有一双非常水灵的大眼睛，乌黑的、不谙世事的、清澈的眼睛。凝视他的眼睛的时候，老师常常会有一种错觉，以为那里面正含着眼泪，像一潭水似的，晃动着，但不涌出来。

他是一个可怜的孩子，因为他的父母离婚之后各自有了家，他跟着年迈的奶奶一起生活。奶奶只有菲薄的退休费，祖孙两人"有了吃的就没有穿的"、"总有一样要凑合"。这个孩子特别懂事。

"一个小男孩呀，你们不能想象他有多么细腻的内心世界。"朋友感慨着举了一个例子：小学生作业本通常都是用得很快的，用不了多久就要买新的。没有一个同学对这件事有疑义。

但有一次，是在课间休息的时候吧，所有的同学都在操场上玩，只有他，嗫嚅着走到讲台旁，仰着小小的脸、伸出小小的手，他递给老师一支铅笔。他说："老师，我想让您以后用铅笔给我判作业，这样，作业本用完了，我用橡皮一擦，就像新的一样了。"

当老师的朋友对我说："当时我注视着这个孩子的眼睛，他的脸特别圣洁。你知道吗？那种天使一样的小孩子、充满了对世界的悲悯和谅解。我看着他，看着看着就要掉眼泪。我拿过那支铅笔，我说，这是我们两个人之间的秘密，我一定用只有我们俩能看清楚的符号来批改你的作业。"孩子特别开心，冲出教室，冲进同学当中。此后，有好几个星期的时间，老师真的用铅笔给他改作业，而且悄悄地告诉他："如果你都做对了，老师就只写上优秀两个字，擦的时候也好擦。"这样，孩子一直保持了优秀的成绩。

后来，孩子的生日到了，老师买了整整100个小学生常用的作业本给他，老师说，这是对他作业一直优秀的奖励。而且，也因为老师和他共有一个秘密。

那天，我们坐在马路边的酒吧，看着红男绿女贴着落地长窗迤逦而过，不禁回忆起当年。那时候我们都是被家长和老师宠爱着的人，从来没有学习过应该怎样去保护别人的自尊心。

朋友说，她将一直和这个小男孩一起保守这个秘密，虽然在我们看来这可能真的不算什么。

别逃避痛苦

卢晓澈

　　萨丹是位印度青年，很小就染上了麻风病，好心的布兰迪医生将他带在了身边照顾。

　　几年后的一个夏天，萨丹想回家过个周末，一是探望家人，二是想看看自己独立生活的可能性。

　　由于麻风病的原因，萨丹的神经末梢对外界的刺激没有感觉，无法感到疼痛。临行前，布兰迪医生告诫他，对陌生环境的危害要格外小心。

　　星期六晚上，和亲戚朋友尽兴而散的萨丹回到自己曾住过的房间，一头倒在草铺上睡着了。第二天早晨一觉醒来，萨丹做的第一件事就是仔细检查全身，结果让他大吃一惊，自己左手的食指竟然血肉模糊。原来那个房间年久失修，他熟睡时，有只老鼠从墙洞里钻出来，竟然把萨丹的手指当作了夜宵。

　　周日晚上，萨丹不敢掉以轻心。他整夜盘腿坐在草铺上，背靠着墙，借着油灯的光看书。破晓时分，他的眼皮越来越沉重，最后终于抵挡不住倦意，头一歪睡着了。几个小时后，萨丹被家人的叫声惊醒，原来他的右手滑到盛油灯的碗里，手背上的皮肉都烧焦了；幸亏油灯的油所剩不多，又被家人及时发现，否则连他本人都会葬身火海。看到这一切，萨丹失意地告别亲人，双手缠着绷带离开了自己的家乡马德拉斯。

　　多么可怜的萨丹！只因不能感知疼痛，他竟然随时都有失去生命的危险。

　　我相信，来到世界的每一个人都在找寻幸福，从而本能地逃避痛苦。可真正的幸福又是什么呢？萨丹的经历让人震惊，原来我们处处逃避的痛苦竟然就是一种别样的幸福啊。

十多年前，望着初恋爱人决然远去的背影时，我似乎听到了自己心碎的声音。那些本该充满青春欢笑的日子，一下子变得沉寂无比。每一天，我默默地出来进去，不想吃饭不想说话；漫漫长夜，无尽的泪水中我不知道自己是怎样睡着的，只是每天早晨醒来，必然会在枕边发现大把的头发……日子一天天地过去了，那种撕心裂肺深及骨髓的痛楚慢慢地淡了又淡；然而，那段经历永远地留在记忆深处，随时提醒我珍惜身边的爱人：珍惜他给予我的呵护与体贴，珍惜他给予我的深情与慰藉，珍惜他给予我的欣赏与尊重……而我们，终能幸福地握紧双手，穿越人生的风雨……

　　生活无语，却用事实告诉我，痛苦本来就是对生命及时的提醒与周到的保护，它本身就是幸福的代名词。

　　"哀莫大于心死"，在这个世界上，内心的绝望与麻木才是最大的悲哀；犹如一潭死水，即使狂风吹过也激不起半丝涟漪，那样的人生已经失去价值。我们之所以还会痛苦，就因为我们还拥有鲜活的生命，还拥有一颗充满希望的心。

　　既然如此，面对痛苦我们又何须抱怨何须逃避呢？人生在世，坦然地面对痛苦，用心地体会痛苦吧，那是生活中独特的幸福。

你选择的是什么

李治江

我有个哥们，在某知名央企总部上班，从毕业一直就在那里，在外人看来，这自然是份好工作，因为事情并不多，责任不大，但是他管理着整个集团内大大小小子公司的同一工作，所以经常出差，到地方去了各地都把他好好伺候着，请吃请喝，安排各种娱乐活动，甚至很多时候都会安排专人帮他把工作做好大半。

他却总向我抱怨，总是翻来覆去的几个主题：太闲了，应酬喝酒太多，赚钱太少。这些理由我都能一一反驳他，我说按照社会工资水平你赚得其实并不少，还有这么好的福利，当然你不能和投机商行这样的地方比。但是我的说法并不能平息他的怨气，实际上这几乎成为了一种定期发作，于是我终于忍不住了，问他为什么不考虑换一种生活？其实与其说是发问，不如说是我想让他认真思考一下，我知道他和我认识的一些人一样，还犯着一种奇特的浮躁病。这种病就是总是找一些很高的收入和很好待遇来和自己比较，然后结论是自己的情况为什么这么糟糕？

我意识到这个问题是在某年校园招聘的时候，我们面试了很多学生，名校毕业，光彩的简历，良好的面试表现，一切都看起来不错。后来我接触多了这些应届生，慢慢发现他们最关注的是工资，这是个熟悉的话题，我们也曾经历过。我不反对应届生计较和比较这个，毕竟他们这么多年的寒窗苦读，通过极残酷的淘汰进入了国内顶级的学校并毕业，理应获得一个相对体面的开始和一份有前途的工作。但这并不是说我总能够一直理解那些特别在意收入的人，比如说我的这个哥们。

他缺乏跳出现有工作的勇气，用经济学的语言来说，机会成本太高了。我知道他找过一些其他的工作机会，同样的工作，但是要么因为收入不够理想，要么觉得平台不够大，最后都没有跳成。于是他在边抱怨边忍受中度过了两年的时间。

而同时，他看着我考了CFA，准备CPA，不停地放弃节假日和加班，在投行的路上越走越远。

不安于现状却又没有重新开始的勇气，有时候真的比一无所有还可怕。

随着时间流逝，我们年龄渐长，有了家庭，要承担对配偶、子女和父母的责任，承受变革的能力会越来越弱，维持一个稳定的现金收入的要求会越来越大。这个时候，纵然有决心去改变，恐怕也难再做出什么。

从职业发展上来说，年轻真是宝贵的财富，可以尽情去尝试和试错，这个时候任何错误的成本都不会太高，因为20多岁的人收入还不会太高，怎么样损失都不太大。每一次错误都是财富，因为它会让自己慢慢明确个人的职业兴趣、想要的生活。

我们毕业的时候，大多数人都怀抱着一颗追求财富的心，大抵都会在心里默默定下一个数字：我一年要赚多少钱之类的。工作能够给予的其实远远大于这个金钱数字，它占据了白天最主要的时光，构成了生活最主要的内容和关系，就是未来人生的一部分。工作带来的不仅仅是收入的一个数字。

我在工作的选择上也摇摆过，迷茫过。看过很多的人（以千计算）的简历，后来发现了一个有趣的事实。很多优秀的同事，简历坎坷，往往出身于一个二流甚至三流的学校，本科甚至专科学历，在一些小公司间辗转，经过几次转换，最后来到了公司，拿到了让很多名校毕业生，包括我这位哥们，都羡慕不已的年薪。

我们的一位保荐代表人，居然是营业部做电脑维护的小员工出身。另一位非常优秀的项目经理，大专学历。部门的一位年轻副总，不过是一个在职硕士，当初因为不符合全日制硕士的学历要求差点被人力资源部拒之门外。他们当初能够做出这样的选择，除了本人素质优秀，大概也是起点

相对不高，所以没有那么多的患得患失，反而有了职业发展和选择上的灵活性，慢慢盘活了自己的工作和生活。

往更大的层面上说，过去的成就和名利永远是束缚。个体的觉悟当抛开对过去的考虑，想想将来，把握当下的力量。在我周围的人，有太多讲求保险策略，他们想着人生一步一个坑，这样的人生稳当有余，然而开拓不足。

我们应当做选择工作的人，而不是被动接受工作的人。选择工作，不是以金钱作为最大的考量，这样的工作会更纯粹和快乐。在没有金钱的时候选择工作能够超越金钱的考虑，是坚持，在赚到足够金钱后选择工作能够超越金钱，是智慧。很多人始终分不清金钱和工作的关系，将两者混为一谈，却把金钱和感情的分开看得很重要，实在是奇怪的逻辑。个人获得的是一笔固定的数字，但是付出的却是理想和人生，而后者是无价的。被动接受工作就是犯错误的开始，让自己越来越被动。每天早上七点起床，你可能想，折磨的一天开始了，要把自己的才华浪费在一些无意义的事情、和同事的斗智斗勇、和领导的虚与委蛇上，然后不断痛恨自己的工作。在熬完上班时间完成了工作后第一时间打卡下班，等待下一个这样的工作日的开始。人的一辈子也就2万多天，而我们有些人就把自己的一万多天花在了这样周而复始的自我折磨上面了。

我们工作是为了活得更好，或者说活更高远一点，是活得充实，活得有理想，而不是自我折磨或者出卖自己的价值观和理想。而我们始终追求的，应当是给予生活实感的工作，而不是过去工作在未来生活的无机延续。

一句话：我们选择的不是工作，是生活。

慈善之心

[美] 格兰特·努特尔

我6岁时，住在一个普通的社区里，这个社区有家境富裕者，也有一些失业的人。那时候我跟着母亲挨家挨户敲门祈求捐助，不是为了我们，而是为了那些深陷困境、需要帮助的人。没错，我母亲一直在利用工作之外的时间做慈善。她之所以这样做，是因为坚信慈善能给人带来希望。

母亲总是面带微笑地去敲门，请邻居们为非洲饥饿儿童捐款。有些人会给几个硬币，也会有慷慨之士多给几美元，但大多数人摇摇头然后关上了门。不管人们是否捐赠，捐赠了多少，母亲都会很真诚地感谢，并认真写下捐款人的姓名和捐款数额。

每次我都默默地跟在母亲的身后，曾经有一段时间，我真不想再和她一上进心去了，我觉得遭受闭门羹非常没面子。有些人甚至一看到我们，话也不说就"砰"的一声关上了门。社区里的几个男孩把我叫做"小乞丐"。尽管每次我们出去只用一两个小时，但我觉得好像过了一个世纪。回到家里，母亲的第一件事就是清点所得到的捐款。然后，她就会把所募集到的微薄捐助送到慈善组织。现在想想，我们付出的很多，但却没有一丝回报。尽管那时的我还是个小孩子，但我幼小的心里明白，母亲的行为还一般。而我也从她那坚定的眼神中感受到这件事的非同一般。

后来，我慢慢长大了，对母亲有了更多的理解，也对慈善本身有了更多的理解。母亲在社区里为非洲饥饿的儿童、智障孩子、白血病患者奔走，很多人认为她的做法很愚蠢，首先她不是个富有的人，其次，她募集的对象是那些一样为了一日三餐而辛苦奔波的人们。幸运的是，母亲没有放弃，而是坚持着自己的想法。她说，募集到多少钱并不重要，重要的是唤起人们那颗行善的心。除了募集捐款，母亲还会定期去清扫社区街道，帮着分类垃圾，雪后帮人们铲除人行道上的积雪。

受母亲的影响，我参加工作后的第一笔收入就拿出来一部分捐给了需要帮助的人。虽然我知道自己的捐赠数额非常有限，但我一直都没有间断。我会定期拿出一部分收入捐给相关组织，用于抗击艾滋病、消除饥饿、救助患病儿童等。我还会在休息的时间参加一些公益组织的活动。很显然，我之所以这样做是从小受母亲影响的结果。但在我的内心深处，有一点我很清楚，我知道自己是幸运的，我得到了很多，我也应该付出一些。

至今我从未问过母亲为什么要去做慈善，为什么能做到吃了闭门羹后再一次次鼓起勇气去敲门。但我想自己已经能够猜到答案了，母亲一定会很多淡然地说："因为我可以。"母亲年少丧母，婚后不久丈夫车祸身亡，她和我的父亲是第二段婚姻，她以当下的生活总是充满了感激，她常说自己是受到了上天的眷顾，应该为别人做些什么。她的心中充满了希望，而她所作所为也是希望能够为别人带来希望。

只要一个头牌

毛思源

匪兵甲不是匪兵，他在戏园子跑龙套，扮成匪兵甲或者群众乙。大多数情况下，他的台词只有一个字：是！这个字被他磨炼得字正腔圆，气吞如虎。

他本来是演主角的。那时他是戏园子的头牌，一招一式，英俊逼人，台下就有女人粉了腮，好像躲到哪里，都有他在面前晃啊晃的。那两道剑眉高高挑起，那一双朗目皎皎如月。还有发青的刀削般的下巴，还有挺拔的雄鹿似的身姿。那时的他，让镇子里多情的女人们，脸红心跳，神魂颠倒。

可他还是从头牌变成匪兵甲。因为小武，因为一匹马。

小武是老板的儿子，他看着小武长大。他给年幼的小武当马骑，脖子上套了七彩的缰绳。一次小武让他站着睡觉，理由是这样才像真正的马，他就真的站了一夜。

小武越长越大，越来越聪明。老板本想送小武出国读书，可小武竟迷上了唱戏。小武学戏，不用拜师，就坐在台下看。看了几次，竟也唱得有板有眼。那时小武的嗓音开始变粗，下巴长出淡青色细细的绒毛。那时小武的个头，已经挨到了他的肩膀。他冲小武笑，他说，这样唱下去，用不了几天，你就是头牌了。小武也笑，一双眼睛盯着他，饶有兴趣地闪。

老板说还是读书好，都民国了……再说，戏园子有一个头牌就行了。他和小武一齐点头。戏园子有一个头牌就行了，他和小武都理解这句话的深刻。

春天，他和小武去郊外骑马。他对小武说，让你骑一回真正的马。两匹马，一红一白，同样喷着响鼻，同样健硕高大。上午他和小武并驾齐驱，他骑白马，小武骑红马。到下午，两人换了马展开比赛。两匹马像两道闪电往前冲，红的闪电和白的闪电缠绕在一起，将田野刺出一条含糊不清的裂隙。突然，他的马摔倒了。一条前腿先一软，然后两条前腿一齐跪倒在地。马绝望地蹬踢着强壮的后腿，试图控制身体的平衡，可它还是重重地把身体砸在地上。小武的马从旁边跃过去，他听到小武的嘴里发出一连串兴奋畅快的呼哨。马把他压到身下，压断了他一条腿。

他想怎么会这样？他想被摔断腿的，怎么不是小武？中午时，他明明拔掉了白马蹄掌上的一颗蹄钉。

他的腿终于没能好起来，他把路走得一瘸一拐。自然，小武取代了头牌的位置。小武也有一双皎皎如月的眼睛，也有雄鹿似的挺拔的身姿。小武成为镇上新的偶像，他让女人们为他神魂颠倒。

于是他成了匪兵甲。戏园子的老板照顾他，留下他跑龙套。他不会干别的，只会唱戏。匪兵甲他也演，虽然只有一句台词。他啪一个立正，喊，是！字正腔圆，气吞如虎。时间久了，戏迷们不再叫他名字，直接喊他匪兵甲。

几年以后，延绵的战火烧到了小镇。兵荒马乱的年月，戏园子逐渐冷清下来。老板开始减人，他减掉一个青衣，又减掉一个熨戏服的帮工。现在老板亲自操起熨斗，那熨斗把他的身子拉成弯月。他说老板，我不想唱戏了。老板说不唱戏你干什么？他说干什么都行，反正我要走了。老板看着他，就流了泪。老板说我也是没有办法啊。他说不关您的事，是我不想唱戏了。

不唱戏了，却隔三岔五去戏园子看戏。和那戏迷一样，小武一出场，他就鼓掌叫好。他叫好的声音很大，震得小武心惊肉跳。那段时间小武脸色苍白，卸了妆，人不停地咳嗽。

小武终于病倒。他躺在床上，笑一下，吐一口血。老板请了最好的郎中，可他还是一天天消瘦，仿佛只剩下一口气。小武以前就脸色苍白经常咳嗽，没人把这当回事，包括小武自己。郎中一边写着药方，一边轻轻地摇头。郎中的表情让小武和老板有一种回天无力的绝望。

老板把熬剩的药渣倒在戏园子门前。他坐在窗口，愁容满面地等待。小镇的风俗，得了重症的人，都会把药渣倒在街上让行人们踩。那药渣被踩得越狠，病就会好得越快。据说，那病会转移到踩药渣的行人们身上。不管有没有道理，小镇上的人都信。

可是，现在戏园子没有头牌了，来看戏的人就非常少。稀稀落落几个戏迷来了，见了门口的药渣，要么掉头便走，要么捂鼻子皱眉头，从旁边小心地绕过。没有人踩上去，包括那些看见小武就脸红的女人。锣鼓寂寞地敲起来了，坐在窗口的老板，眼光黯淡。

突然，老板看到了匪兵甲。他瘸着一条腿，慢慢走来。他看到门口的药渣，飞快地愣了一下。他蹲在地上，细细研究一番，然后站起来，坚定地从药渣上踏过去。踏过去，再踏回来，再踏过去。如此三圈，每一步都踩着脚，激起干燥的尘烟和奇异的药味。他流下悲伤的眼泪，那眼泪混浊不安，恣意地淌。

那以后，他天天来戏园子看戏，天天在新鲜的药渣上踩脚。可是他终没将小武救活。两个月后，病床上的小武在忽远忽近的敲鼓声中痛苦地死去。

老板请他喝酒。老板说小武对不住你。他说我对不住小武才对……现在戏园子需要人手吗？老板说需要，你肯回来？他说，您肯要吗？老板说当然要……小武真的对不住你。他说那我明天就回戏园子来。老板说小武临终前告诉我，那次你们骑马，他偷偷拔掉红马蹄掌上的一颗铁钉。他说都过去了……我明天，还演匪兵甲……我以后，只演匪兵甲。老板说你会原谅他的，是吗？

他喝下一碗烧酒，辣出泪。他抬起头，说，是！声音从丹田发出，字正腔圆，气吞如虎。

125

如果再给一个开始

铃儿

这个男生不错

如果有人问我南京最适宜的季节是几月，我会毫不犹豫地回答说，三月末四月初。

可无心与时竞，何苦绿匆匆。一般来说，美好的时光总是稍纵即逝的，所以我们高一(2)班的同学就努力抓紧时光，趁周末到动物园游玩。

我就是在这次游玩中注意到那个插班生的。他叫赵品茗。我们在摩天轮下聊天，看同学们个个悬在半空中。我说喂，你为什么不去坐摩天轮啊？似乎挺好玩的呀。

他看了我一眼，说着，坐一圈要20元，太贵了。

我吐了吐舌头，噢，我是因为恐高。

三月末的阳光照得人昏昏欲睡，瞌睡难当。我抢过他手上的一个看起来最大的书包。然后压在包上那只企鹅上，睡了过去。

等我醒来的时候，发现摩天轮空荡荡的，同学们都走了。

而他还在我身边，手上拎着很多同学的背包，憨厚可爱地站在那里，他的投影，正好遮住我的脸。

他不坐。他坐下来，我的脸就要被晒到了。

我说，喂，谢谢你，他们都去哪儿啦？

他腼腆地笑笑，说，哦，去小熊猫馆了，你知道小熊猫吗？

我摇摇头，问他，是不是就是小浣熊呀？

然后我拽着他一起跑向小熊猫馆。动物园的地上有可爱的图标，指示着我们。我边跑边想，这个男生，真不错。

你一定去过很多地方吧

从动物园回来以后，我开始变得爱往赵品茗的座位上跑了。

我跑过去说，喂，赵品茗，你知道今天的数学作业吗？下午我去练琴了，所以不知道。

我跑过去说，哎，赵品茗，今天我要去练琴，你帮我倒一下垃圾好不好？

渐渐我跑过去说的全变成了废话，我说老赵，你不知道吧，咱们南京呐，还有一个动物园，就在珍珠泉。

他睁大眼睛，真的？

当然啊！2002年开园的时候我去过！我边努力回忆边说。那里有个动物幼儿园，人们可以抱着小动物留念。可好玩了！对了，也有马戏表演哦！不过全世界的马戏表演都一样啦！我在杭州、上海看到的也都一样，都是小猴子骑车啦，大熊过桥啦什么的……

他低下头，你去过的地方真多。

我看着他，忽然有些不好意思了。赵品茗是东北人，他父母原本是国有企业的工人，现在都下岗了，所以才到南方来做点夜市的小吃生意。我说这些东西，好像有些故意显摆的味道了。我绝对不是那样的人。我是觉得他憨厚又老实，会照顾人。跟他在一起，女孩子肯定不会吃亏的，所以才喜欢跟他玩的。

隔天，我请他去吃麻辣烫。因为他总帮我倒垃圾、做值日，我有了更多的时间练钢琴，马上就要考8级啦。

我们坐在学校外面的摊子上，麻辣烫来了。我点了生菜花、椰菜、面筋包、金针菇、香肠、鸭血、鸭肝，还有粉丝。看起来像在吃鸭血粉丝汤。

127

我吃得满头大汗，坐在对面的赵品茗却吃得很少，筷子在碗里动了半天，也不往嘴巴里送。

我戳了戳他的肩膀，喂，你怎么啦？不合胃口啊？

他朝我笑了笑，不是。然后低着头吃起来。吃到一半的时候他忽然说，你知道吗，我家就是在夜市上做这个的，我上完自习回家，如果有卖不完的，我会负责把它们吃光哦。

我呆了一下，鼻子有些酸酸的。我长这么大以来，第一次有一个男生愿意跟我说起自己的家庭，自己的琐事。

因为有你，我活得更富有

吃到最后一个花椰菜的时候，我决定用自己的一点私事来作为回报。我举着那个小小的花椰菜说，你知道吗，我有一个外号就叫花椰菜，我家有一张花椰菜的照片，上面戴着一个小小的皇冠，我妈妈说我是花椰菜公主，她从小送我去学钢琴，就是希望我成为钢琴公主。

赵品茗说，哦，这样啊，那我以后多帮你做值日啊。

我笑着不说话，其实我感动极了。

可是我渐渐变得不爱往琴房跑了。我更喜欢到阅览室去找赵品茗，坐在他身边看书。

他很少吃很贵的午饭。我想是因为钱的缘故吧。所以我去的时候会带两个鸡腿，他一个我一个。

我想我只要这样，默默地关心他，他也会帮助我，生活就十分美好了。

我第三次带鸡腿去找赵品茗的时候，他不再吃那个鸡腿。我从桌上将鸡腿推过去，他看也不看地推回来。我又推回去。他又推过来。我低声叫，赵品茗，你这是怎么了？！语气十分不悦。

他也低声吼我，不要这样对我，知道吗？！我不是等你鸡腿的那个乞丐，有过一次两次就够了！

我跳起来，书包也不拿就走出了阅览室。

很久以后，赵品茗拎着书包跟在我后面。他拎书包的样子多笨拙啊，我看着看着，几乎掉下泪来。他还是动物园里那个为了替我遮挡阳光而不肯坐下来的男生。他多么善良。

我笑起来，眼泪终于掉下来。

他也笑起来，以后要多去琴房，不要忘记自己要成为花椰菜公主的哦。

我张了张嘴，没有说出口，公主也是因为有你的疼惜才生活得更加富有。

唯美的理想与坚硬的现实

我真的又多去了琴房，很少再给赵品茗送吃的了。我照顾他小小男子汉的自尊心，但依旧忍不住跑过去他那边，两腿一张，跨坐在他后排的座位上开始说话：老赵，我们来做个脑筋急转弯吧，有两个人掉进陷阱，其中一个已经死了，叫死人，第二个还活着，那么他应该叫什么呢？

救命！Help！

赵品茗挤眉弄眼。

哇，你也知道！

我拍着桌子叫起来，觉得快乐极了。真的快乐极了。

又一个春天来了，学校组织去千岛湖玩。这是遥远的旅程，所以费用不低。老师说，是自愿的，大家可以去，也可以不去。

我去找赵品茗，你去吗？

他笑了一下，不去了呢。

可是你去了，就可以给我们拎包了，我说。其实是我很想他去。他不去，我心里挺失望的。

突然，我灵机一动，你不是在做生物实验吗？需要一些特殊的动物标本？去千岛湖吧，那里肯定有！我先帮你把钱交了！

赵品茗思考了一会儿，说，好吧。

我开心极了，给他交了200元钱。其实200元钱对我们家来说，是多小的一个数字啊，爸爸加一次油，妈妈买一瓶面霜就没了。可是赵品茗却交不出这个钱去春游。

夏天的时候分了班，我不跟赵品茗同班了。

转眼冬天就来了。有一天晚上，赵品茗找到我，问我借340元钱。我忽然想起春天的200元还没还呢。可是我没说出口。我笑着问他，怎么啦？

原来是他爸爸感冒了，要挂两瓶水，挺急的。他妈妈又回东北娘家了，家里暂时没钱，我把钱给了赵品茗。其实这个时候，我年轻的心已经产生疑问了，我问自己，如果赵品茗长期跟我借钱，却又总是忘了还，那我怎么办？

说实话，我对他挺失望。那是年轻时候唯美的理想还没有消失时，对于提前到来的现实的失望。我不知道该怎么面对，心底很乱，竟渐渐与赵品茗疏远了。

如果再给我一个开始

赵品茗约过我几次，我借口练琴很忙没有去见面。那时候我们已经不在同一个班，很少聊天，相互有些陌生。我收到他的一个盒子，说是送给我的礼物。我忙着考级，都没时间拆开来看。等有空看的时候，已经是高考后了。盒子里是一只粉红色的猪，插上电源十分钟，就可以温暖我的手两个小时以上。还有一沓钱，整整540元，附言是：花椰菜公主，我用春节放假期间赚了不少钱，终于可以还你钱了。

我握着这把钱，开始抽噎起来。我一直误会了赵品茗，我以为他忘记了还钱，居然还害怕他再向我要钱。我在他面前，显得那么卑鄙渺小。

我亲手破坏了我们之间美好的感情。我第一次感到自己的伪善与幼稚。我想18岁的我，还不懂得什么是爱吧。连最起码的尊重之心都没有，爱像空中楼阁。

赵品茗，庆幸你，没有被自私的我所爱。

那个暑假，我拿到了8级证书。在那一刻，我想到了那个默默弓着身体为我打扫教室的男生。我想如果再给我一次机会，让我回到那个冬天，我会陪他一起去看望他的父亲。

那种美好而纯真的感情，人生中，或许只能出现一次吧。而我这棵花椰菜，虽然等来了花期，却错过了生命中最灿烂的时光。在那个时光里，有一个男生会为了我不被太阳晒伤，默默地在身边站了一下午。

无私的、纯真的、善良的、美丽的、值得怀念的。

臂膀里的爱

余非鱼

他的双臂好像废了，在一场劫难之后。

从前，他的臂膀非常有力，因为部队的生活，让他磨炼出一双粗壮而有力的臂膀。他力气大得可以用一只手把她抱起来转圈，甚至在与她成婚的那个晚上，他还当众把腰身纤细的她抛得老高，引得亲戚朋友们笑声朗朗。但是今天的他，双臂失去了力量，特别是右臂，在伤愈之后似乎连举筷子的力量都失去了。

他的臂膀是在一场洪水之后失去力量的。

那是2005年的夏天，有一场叫珊瑚的台风袭击了东南的各个省份，它引发了巨大的洪水，包括他所在的营区。营地位于赣南的一处山里，他们常年在那里驻扎着，守卫着祖国的疆土。

那是一个炎热的夏天，他在营区等待着妻子前来探望。

妻子是一位人民教师，在遥远的故乡东北小城教书，三个月前，她顺利地为他生下了一个女儿。做父亲的消息从遥远的东北传来的时候，他激动得流下泪来，他多想回去看看自己的女儿啊，但是他却走不开，因为这个基地刚刚建设不久，他这个连长是无法离开的，于是他就开始等待这个暑假，等待着休假的妻子能带着女儿来见他。

经过短暂却又极为漫长的等待，7月，他终于等来了自己的妻子和女儿。当部队的接待军车把妻子和女儿接到他的住处时，他和战友们还在执行任务，要等到晚上下班才能见到妻子和女儿。

那是天气很反常的一天，台风已经从沿海的地方登陆了，但是台风一般不会对他们这里产生太大影响，只是空气有些潮湿而已。当他从岗位上下来的时候，匆忙地往住处赶，他早已经迫不及待地要看到自己的女儿了。

一跨进房门，就看到了在那里久候的妻子，她的怀里是他们的宝贝女儿，他走上前去紧紧地拥住她们……

那个晚上，他兴奋地抱着女儿不肯撒手，在灯光下端详着自己女儿可爱的样子，久久地幸福地端详着……丝毫没有发现外面的天空已经电闪雷鸣，暴雨滂沱，更没有意识到危险在逼近他们……

就在他沉浸在这甜蜜的幸福当中的时候，忽然听到外面传来一阵阵巨大的崩塌声，接着是战友撕心裂肺的喊叫声，他抱着女儿冲了出去，这时他感觉到一股巨大的水流冲撞过来，他用右手紧紧地抱住女儿，对妻子大喊道：快跑，快上山！

更大的洪水又一次冲了过来，他在咆哮的洪水中听到了女儿尖厉的哭叫，他用右臂拖住女儿，左手拉住一棵树干，洪水冲得他站不住脚。就在这时，眼前的房屋倒塌下来，一根铁棒打在他的右臂上，他顿时感觉到一阵剧烈的疼痛和麻木，女儿从他那粗壮却无力的臂弯间滑落，被黑色的浪花卷走……

他和妻子都被送往了医院，这场突如其来的洪水几乎摧毁了整个营地，许多战友离开了他们。他们虽然幸运地活了下来，而洪水却带走了他们那刚来这个世界才短短几个月的女儿。在那段黑暗的日子里，妻子一次次地哭晕过去，而他的精神也几乎崩溃了，每天都坐在床头泪流满面。

他是一个坚强的军人，曾经执行过很多复杂的任务，见过许多令人寒心的事件，但是当自己的女儿从自己无力的臂膀间脱离这个人间之后，他的心中被一种莫大的悲痛和悔恨包围着，难以解脱。他右臂的伤口愈合了，但部队仍然让他待在更好的疗养院里，因为他还没有走出精神的盲区，即使他那脆弱的妻子都已经走出伤痛，他却仍然沉浸在悲痛与悔恨里。

随着时间过去，他的双臂已经完全恢复了，但是他的臂膀却仍然没有

第四章

如果再给一个开始

力量，特别是他粗壮的右手，居然连筷子都拿不稳，每次吃饭的时候，他抖动的右手，总不停地抖落着悲伤……

妻子开始不停地鼓励他，她说：你是个军人，你是个丈夫，你要振作起来……

他并不说话，只是看着自己的手，显得那样无力，连拳头都握不紧。

她用尽了这个世界所有饱含力量的词句鼓励他，却始终没办法帮这双臂膀找回男人的力量。她看着他颓废的样子，泪也一次次落了下来……

终于有一天，她把他带到疗养院的一面破旧的攀岩壁前，这个瘦弱而坚强的女人一搭手一抬脚就爬了上去，就这样一直爬啊爬，终于爬到岩壁的壁顶，她在岩壁上扭头呼唤他：你也来！

男人低头看着自己的双手，拳头握了又握，却始终没有往上爬……当他再次抬头时，她看到他满脸的泪水……

就在这时，女人忽然一个趔趄，身体从数米高的岩壁上掉落下来……

男人惊呆了，手臂却分明伸了出去，一把抱住了正在跌落的女人……

一双属于一个男人和军人的有力的臂膀终于又回来了，它此刻正紧紧地抱着自己的妻子。女人偎在他的怀里哭了，哭着哭着又笑起来了，她说："我就知道……我就知道……你的臂膀一定还有爱的力量！"

他哭了。

握住了别人的手

陈村

公交车突然拥挤起来，她从他的身边被挤开了。慌乱中，好不容易站定后，她看见他正朝她这边挤过来。于是，通过扶杆上那些密密的手腕，很自然地，她就朝他伸出了一只手。

可是。有好几秒钟，她的手就那么孤单地停在那里，空落落的。她以为他没有伸出手接应她，就顺了手的方向去看。透过那些抓在扶手上面的手腕，她看到，他已经伸出了自己的右手，只不过。落在了一只陌生的手上面。并且。那是一只年轻女人的手。她垂下了自己的手。一同垂下的，还有她的心。

他竟然握错了手。但，怎么会，又怎么可能，他会握错她的手呢？难道。原先他对她说过的，要一生一世都牵着她的手，就在这一偶然的握手面前，竟然变得这样不堪一击，变得这样虚无缥缈？终于，公交车停在一个站点后，那个女人就下了车。她看到，他随即就往她这边努力靠近。而她，却不自觉地避开了他。

公交车又一次停住后，她赶紧挤下了车。并且下车后。不管在身后紧紧追赶的他，只顾愤愤地往前走。他紧走了几步赶上来，笑着问："生气了？"她却不笑，只是赌气样地问："好好的，我凭什么生气？"他还是笑着说："我知道你生气了，因为刚才在车上，我没有握住你的手。"

她立刻停住了脚步。吃惊地问他："原来，在车上，你知道握的不是我的手？""是的，我知道那不是你的手，那是另一个女人的手。"他老实平静地回答。"既然知道不是我的手，那你为什么还要一直握住？"她的声音陡然大了起来。

"你知道那会儿公交车上为什么突然拥挤了吗？有两个家伙看上了那

135

个女人的皮包，虽然那个女人已经发觉了，但那两个家伙根本不把她放在眼里，所以……""所以你就故意握住了她的手。那两个家伙就不敢对她下手了是吧？"她舒展开了纤纤手指，宛如一朵灿菊，缠缠绵绵地就攀上了他的右手，柔柔一握。

只是因为在乎

邓 桃

那是早些年的事情。那时办公不用电脑桌，用写字台。那时的写字台上，多半有一块大大的玻璃台板，台板下面，绿绒的衬垫上，摆放着随时要用的年历啊名片啊什么的，还会有一些个人喜欢的风景画、照片，从台板就可以看出人的个性来。

工会组织活动，那时个人还不大有照相机的，他是工会干部，拎着个照相机给大家逐一拍照。

回来冲洗出相片，一张张平平整整地压在台板底下。来一位，翻起台板玻璃取走，倒也方便。

她来了。她文静秀气，单位里很多小伙子都暗中喜欢她。照例，翻起台板玻璃，可是那张照片粘得很牢，四个角都试过，还是揭不下来。

怕硬撕要撕破，他就又为她冲洗了一张。

一开始没啥，因为台板下面照片多着呢，等到一张一张都拿走，只剩下一张的时候，就有人发问了：她是你的什么人啊？

问的人其实都认识她，重点是在"你的什么人"上。

他的回答从我的同事到我的朋友到我的女朋友到我的未婚妻直到我的老婆。总而言之，这相片一直在他的台板玻璃底下压着。有一年单位里可以领新玻璃台板了，他也没去领。

结婚10年的时候，她有了新的恋情，他们的婚姻亮起了红灯。已经到了分割财产的时候，她说，想把台板底下那张当年的相片收回去，再放在那儿不妥。他虽舍不得，但无奈，翻起台板玻璃，从四个角试着揭，仍然揭不下来。

她说：现在撕破也无所谓了，我来吧。

他看着她，用两个指头紧夹住一角，屏住呼吸，"哗"地发出惊天动地的声响。相片揭下来了，完好无损，真是个奇迹。

两人都仔细地看那相片。她说：我那时可真年轻。他说：看来还是蛮容易揭的，怎么我就揭不下来？

她忽然不做声，过了一会儿，眼泪就流下来了。

她想他一定是太怕撕破了，才撕不下来，他太珍惜，就像十年来一直珍惜着自己。而自己揭得那么爽气，是因为不在乎，就像不在乎这婚姻。

她把相片又放了回去，直到今天，还在那儿。

蜻蜓与流年

黄雅婷

陆小卫第一次给我捉蜻蜓的时候，对摔了一跤坐在地上大哭的我，一遍一遍哄着："可可，我捉了只蜻蜓给你玩，你不要哭了，好吗？"那一年，陆小卫8岁，我6岁。

6岁的蓝心，站在陆小卫的身旁，眼巴巴盯着陆小卫手上的绿蜻蜓。她很想要，但陆小卫不会给她。陆小卫说她长得丑，有时跟她生起气来，就骂她"狼外婆"。每次陆小卫骂蓝心狼外婆时，蓝心都会大哭着跑回家。不一会儿，蓝心的妈妈就会一手牵着蓝心，一手托着一碟瓜子或是糖果出来寻我们。她好脾气地抚着陆小卫的头，给我们瓜子或糖果吃，而后关照："小卫，你大些，是可可和蓝心的哥哥，要带着两个妹妹好好玩。"陆小卫这时会很不好意思地低下头去。

蓝心的妈妈走后，蓝心慢慢蹭到陆小卫身边，伸了小手小心翼翼去拉陆小卫的衣襟，另一只小手里，一准攥着一颗水果糖。"给你。"她把水果糖递到陆小卫跟前，带着乞求的神色。陆小卫起初还装模作样嘟着嘴，但不一会儿就撑不住糖的诱惑了，把糖接过来，说："好啦，我们一起玩啦。"蓝心便开心地笑了。

陆小卫转身会和我分了糖吃，一人一半。湖蓝的糖纸，被我们的小手递来递去。我们透过它的背面望太阳，太阳是蓝的。望飞鸟，飞鸟也是蓝的。我用它望陆小卫的脸，陆小卫的脸竟也是蓝的。整个世界，都是蓝蓝的。

多年之后，我忽然想起那湖蓝的糖纸，像极了陆小卫给我捉的第一只蜻蜓的翅膀。我后来不哭了，从地上爬起来接过蜻蜓，陆小卫笑了，蓝心笑了，我也笑了。

那一年，我、陆小卫、蓝心，一起住在一个大院里。

上小学三年级的时候，父亲要把我们举家搬到另一座小城去，那是父亲工作的城。

那个时候，我和蓝心同班、同桌，好得像一对姐妹花。而陆小卫，已上小学五年级了，常常很了不起似的在我们面前背杜甫的诗词，翻来覆去只一句：感时花溅泪，恨别鸟惊心。

他有时还会和蓝心吵，吵急了还会骂蓝心狼外婆。蓝心不再哭，只是瞪着陆小卫。

陆小卫却从不跟我吵，他还是一有好东西就想到我，甚至他最喜欢的一把卷笔刀，也送给了我。

我三年级学期结束时，父亲那边的房子已收拾好了，我们家真的就搬迁了。临走那天，大院里的人，都过来送行。女人们拉着我母亲的手，说着一些恋恋不舍的话。

我也很难过地跟蓝心话别，而眼睛却在人群里张望着，我在找陆小卫，他一直没有出现。

蓝心送我一根红丝带，我回送她一把卷笔刀，是陆小卫送我的。蓝心很喜欢它。

陆小卫这时不知打哪儿冒出来，拉起我的手就跑，一边跑一边回头冲我母亲说："阿姨，可可跟我去一会儿就回来。"

我们一路狂奔，冲到了我们惯常玩耍的小河边。那里终年河水潺潺，树木葱郁。陆小卫让我闭起眼睛等两分钟。待我张开眼时，我看到他的手里，正举着一只绿蜻蜓。

"可可，给你，我会想你的。"说完，他转身飞跑掉了。

我在新的家，很怀念原来的大院。怀念得没有办法的时候，我就给蓝心写信，在信末，我会装着轻描淡写地问一句：陆小卫怎么样了？

蓝心的信，回得总是非常及时。她在信中，会事无巨细地把陆小卫的情况通报一番。

我对着满页的纸，想着陆小卫的样子。窗外偶有蜻蜓飞过，它不是陆小卫为我捉的那只，我知道。

小学六年级的那年暑假，我跑回去一次。蓝心还在那个大院住着，陆小卫却随他的家人搬到另一个小区去了。

我和蓝心站在街角拐弯处吃冰淇淋，谈陆小卫。

蓝心去打了一个电话，陆小卫就来了，很高很瘦。我们还像从前一样，三个人，亲密无间。但分明又不是了，我们都长大了。

我们坐在从前的小河边，除了笑，就是沉默。

陆小卫后来打破沉默，说："可可，我给你捉只蜻蜓吧。"蓝心立即热烈响应，拍着手说："好啊好啊，也给我捉一只吧。"

陆小卫就笑了，伸手拍一下蓝心的头说："你捣什么乱？"那举止，竟是亲昵的，而与我，却是生疏的。

一会儿，陆小卫就捉到了一只蜻蜓。他把蜻蜓小心地放到我的手上，蜻蜓的翅膀颤了颤，陆小卫的手，也颤了颤。

蓝心一直追随着陆小卫的脚步走。

陆小卫高中，蓝心初中。陆小卫在北方上大学，蓝心努力两年，也考上陆小卫所在的那所大学。

我却在南方的一所大学里，与他们的距离相隔了万水千山。

元旦的时候，陆小卫寄给我的明信片是他亲手制作的，上面粘着蜻蜓标本。他的话不多，只几个字："可可，节日好。"

我不给他回寄，只托蓝心谢他。

我跟蓝心一直通信，也通电话。我们天南地北瞎聊一通，然后就聊陆小卫。蓝心说，他是学校的风云人物，是学生会主席，后面迷倒一帮小女生。

我笑得岔气，一边就在纸上写：陆小卫，陆小卫……

陆小卫在他毕业的那年夏天，突然跑到我的学校来看我。我带他去我们学校食堂吃饭。他大口大口吃，说，好久没有吃过这么好吃的东西了。

我知道，他有些伪装，还像小时那样，总是尽可能地让我高兴。

有疼痛穿心而过。但表面上，我却不动声色。

饭后，我们一起散步，沿着校门外的路走。走累了，我们就一起坐到路边的石阶上。

陆小卫突然问我："可可，你收到我的信了么，我托蓝心寄给你的信？"

"那几天，我正在忙着写毕业论文，没时间跑邮局，而快件必须到邮局才能寄出，所以我托蓝心了。"

"快件？"我愣一愣，随即明白了，我含糊着说："早收到啦。"

陆小卫看看我，缓缓掉过头去："那么，蓝心说的都是真的了，你已经，有男朋友了？"

我大声笑着，我说："是啊。"

我们不再说话，沉默地望着路对面。对面的路边，并排长着三棵紫薇树，细密的花，纷纷扬扬。

"像不像你、我，还有蓝心？"我指着紫薇树故作轻松地问陆小卫。

陆小卫只是若有似无地"哦"了声。刹那之间，我们变成陌生。

陆小卫走后的第二天，我收到蓝心的信，蓝心在信上说："对不起了可可，我爱陆小卫，从小就爱。而从小，你就什么都比我强……"

我知道的，蓝心。我在心里面轻轻说。伸手捂住眼睛，不让眼泪掉下来。

不久，陆小卫给我寄来最后一张他亲手制作的明信片，明信片上，照例地粘着一只蜻蜓标本。他的话依然不多，只寥寥几个字。他说："可可，我和蓝心恋爱了。"

我回，祝福你们。

再相见，已是几年之后，在陆小卫和蓝心的婚礼上。我喝醉了，一点也不记得当时的情形了。

事后，我的女友说，我在醉酒后一直说着一句话："你再捉一只蜻蜓给我，好吗？"

她笑我："瞧你醉的，像个小孩子，还要什么蜻蜓。"

后来，她又说，那一天，同醉的，还有新郎，他嘴里面也嘟囔着什么蜻蜓蜻蜓的。没有人听得懂。

猜不中的结局

[美]艾米·米勒

很多年前，我在整理照片时，发现了一张很老的照片，上面有母亲、我和4个妹妹。我记不得当时的情景，就问母亲。

那是1959年的圣诞夜，空气中弥漫着节日的喜庆。当时母亲带着我们姐妹离开父亲已经一个多月了。那个时代单身母亲是不被社会接受的，周围的人都用歧视的眼光看我们一家。可怜的我们就住在贫困的温尼伯湖小街区里。那段时间夜里警报声不时响起，母亲望着天花板，眼里噙着泪水，几乎彻夜不眠。

圣诞夜，外面下雪，房间里唯一的光亮是圣诞树微弱的灯光，圣诞树很简陋。母亲给了我们每人一件小礼物。她希望能给我们更多礼物，但是吃饱饭才是最重要的。忽然她身子微微一抖，搂着我开始大声哭泣。

这时，有人敲门。原来是那个"妓女"。这是母亲对楼上那个女人的称呼，因为她总打扮得很俗很艳。母亲擦干泪让她进来。

"女士，"她说，"我知道你的生活很艰难。你因为要照顾孩子而无法去教堂。你现在马上去教堂吧，我会照顾好你的孩子们的。你的大女儿告诉我，你很想去教堂。"

母亲相信了她的话。但是故事并没有结束，结局也并非是母亲沐浴着圣诞之光做完祷告回来。她刚到教堂就开始担心孩子们的安全，她怪自己为什么要相信那个"妓女"。她一点也不了解那个女人。她急急地跑出教堂，在雪夜里狂奔，心揪得紧紧地。"我为什么这么傻，把孩子们留给一个完全陌生的人？！"她想象得出，家里满是身份复杂的各色人物和醉鬼，孩子们哭着叫妈妈，那个"妓女"狂笑着踱着步。

不一会，母亲已跑到了楼梯口。她听到了孩子的尖叫声！天哪！她知道发生什么事情了。母亲飞一般奔上去，猛地推开门。她见到了和想象完全不同的景象。她首先看到了脸上堆满微笑的我，我就是尖叫的那个，然后是我的妹妹们。当她看到地面，惊呆了。

礼物！好大一堆礼物，堆放在我们那简陋的小房间的地上！母亲愣了，说不出话来："这是怎么……回事？"那个"妓女"什么也不说，只是微微笑着。"我就像傻瓜一样误会着你……"母亲哭着说。

"我只是站在这里说说话。是那些流浪汉、酒鬼和小偷们送礼物给你和孩子们的。你们每人至少有8件礼物。"那个"妓女"仍笑着，但眼里闪烁着泪光。

后来母亲才从他人口中得知，楼上的那个女人，那个"妓女"早已向整个街区打过招呼，她哀求人们来帮助我们。她的善心感动了人们，所以人们慷慨地赠予我们礼物。

无数次，母亲讲着讲着，就戛然而止，那故事永远没有结局。她只是意味深长地看着那张照片，仿佛故事的结局就藏在那张照片里。

就在那个大雪纷飞的圣诞夜，我们被礼物的海洋包围着。你可以从我和妹妹们惊喜的尖叫声还有母亲的笑容里知道这些礼物的意义。就是那群身份卑微的人们，给了我们全家一个永生难忘的圣诞节和继续生活下去的勇气。那是我们一辈子的礼物……

第五章
春风何时会到来

上帝的艺术品

刘国涛

时光回溯到60年前的雾都伦敦，上层社会的一场盛大的社交活动正在进行。时任英国首相的温斯顿·丘吉尔理所当然地被奉为上宾，并用他一贯的幽默与犀利成为全场瞩目的焦点。但不知何时，他罕有地沉默下来，目光久久地落在远处一个窈窕轻盈的身影上。随从善意地提醒道："以您的身份，完全可以主动结交她。"经历了两次世界大战战火洗礼的铁汉首相却显露出了少有的柔情："不，那是上帝的艺术品，只能远远地欣赏。"

这位被丘吉尔赞誉为"上帝的艺术品"的女子，就是电影史上最光彩夺目的天才演员之一，戏剧舞台上难得的瑰宝，为了爱情和艺术，把短暂的一生燃烧成最灿烂焰火的费雯·丽。

1913年11月5日，沉入喜马拉雅山山麓的落日洒下最后一缕余晖，为在印度珠峰脚下小镇大吉岭工作的英国哈特莱夫妇送来了最丰厚的馈赠——他们的女儿。这个有着绿宝石一样晶莹双眸的女孩，就是后来名满天下的费雯·丽。

"北方有佳人，绝世而独立。一顾倾人城，再顾倾人国。宁不知倾城与倾国，佳人难再得。"《北方有佳人》中这样描写一个女子的倾城之美。而费雯·丽就是这样一位符合古典审美标准的绝世佳人。栗褐色长发如瀑垂肩，圣洁的额头下，双眉如新月似柔柳，直入双鬓，开阔大气，尽显巨星气质；一双明眸如两泓秋水，顾盼生情；美目开合之间，长长的睫毛如蝴蝶振翅，平添几分生动；小巧精致的鼻子顽皮地微微上翘，惹人怜爱。静态的费雯，简直就是18世纪欧洲古典美女的现代版本。而当红润的双唇露出一丝笑意，两个小小的酒窝立即在香腮泛起，灵动的双目旋即放射出摄人的热情，每移动一个脚步都带着勃勃的生机。这时的费雯·丽，现代感是如此强烈，令人倾倒。她的美，是古典的优雅精致与现代的热情灵动的完美结合，就像希腊神话中海上精灵塞壬的歌声，充满魅惑，释放出无人可以抗拒的魔力。

"她是如此美丽，以至于无须有如此的才华；她有如此的才华，以至于无须如此美丽。"《纽约时报》这样评论费雯·丽。在时间雕刻刀的无情剥蚀下，青春易逝，红颜易老。但费雯·丽的美则因她惊人的才华，在电影中得到了永恒，闪耀着永不褪色的光芒。

许多和她合作过的演员都清晰地记得，她无需排练就可以迅速进入角色，敏锐地把握情绪的变化和表达。37年的艺术生涯中，费雯·丽只拍摄了19部电影，可见她选角的严格。每一个角色的选择都是费雯·丽与之产生情感共鸣的结果。在塑造角色的过程中费雯无不倾注了自己的情感经验，化身其中，人戏合一。《乱世佳人》中的费雯，美艳热情，勇敢执著，每一个执拗的眼神都让人感受到迎风怒放的铁玫瑰是何等的铿锵，那是生命的壮美；《魂断蓝桥》中的费雯，每一次的低眉浅笑，都淋漓尽致地展露了玛拉的温柔忠厚，那是温良贤淑到极致的柔美；《欲望号街车》中的费雯，面部肌肉的每一次颤动，都直指被虚饰和欲望折磨的布兰奇扭曲的灵魂，那是折翼天鹅绝望的凄美。追求真爱的安娜·卡列尼娜，野心勃勃的埃及艳后，落寞寂寥的老妇思冬……无不在费雯的演绎下焕发出夺目的光彩。

每当夏日的夜晚降临，无边黑暗中偶然而起的火苗，不管它的光芒多么微弱，总会吸引无数追逐光明的飞蛾前赴后继、九死不悔。爱情面前的费雯·丽，就如同扑火的飞蛾一样，专情，执著，努力燃烧自己，直至化灰也痴心不改。这份热烈幻化成哀愁的灰幕，笼罩了这个传奇女子整整一生。

20世纪30年代初，初入戏剧界的费雯在一次观赏话剧《皇家剧场》时，深深地被主角劳伦斯·奥立弗英俊的外表和精湛的演技吸引，很快坠入爱河，出双入对，成为人人称羡的神仙眷侣。1940年，在满足结婚条件的时刻到来时，二人甚至连一分钟都不愿耽搁，就在一片漆黑的午夜时分举行了婚礼。

在奥立弗身上，费雯倾注了一生的热情。在她心中，奥立弗是她存在的价值所在，不仅是生活中同呼吸共命运的爱人，也是艺术上追寻的榜样和良师益友(尽管费雯·丽有着不输劳伦斯的才华和成就)。两人在艺术上互相帮助，精诚合作，辗转各国，在艺术的天空如比翼之鸟，共同翱翔；在生活中，爱意殷殷，举案齐眉。只存在于童话里的爱情传说在他们身上成为现实。

但生活中充满了未知数。劳伦斯在戏剧界的崇高地位，对费雯造成了巨大的压力，她深恐自己无法配得上丈夫，以十二万分的精力投入到工作中，而代价是她肉体和精神的健康。在风华正茂的青年时代，费雯就曾多次出现过演出之后被担架抬回家中的情况。第二次世界大战对精神的巨大刺激和极端影响精神的舞台演出，使得费雯患上了严重的抑郁症。逐渐年老的劳伦斯失去了呵护妻子的耐心。终于，在十多年的美满婚姻之后，1957年，随着一个温柔体贴的年轻女演员的出现，劳伦斯提出离婚。

无人知道在接到劳伦斯要求离婚的电报后，费雯是如何度过第一个长夜的。人们只看到在第二天，费雯平静地对媒体发表了简短的声明，表示理解丈夫的要求，同意离婚。寥寥数语背后，包含了对17年夫妻生活的回忆和对残酷现实的哀鸣。费雯的精神垮了，生活从此失去了色彩。

玫瑰可以凋零，情侣可变陌路，但是一个人心中爱情的火焰却不会因此而熄灭。没有了劳伦斯的陪伴，她对劳伦斯的爱却越发深沉。在她英年早逝后，人们在她床头发现的唯一一张照片，依旧是醉人微笑着的劳伦斯爵士。为爱情而生，为爱情而死，费雯用自己的眼泪书写了爱情的传奇。

佳人已逝，而她的魅力与才华，美丽与哀愁，无论在影迷还是电影人的心中永远鲜活。

149

两枚结婚戒指

王宗发

这是张四望生命的最后时刻。他已经失去了意识，睁不开眼睛，不能说话了。只是静静地躺在医院的床上，妻子王文莉守在他身边，他总是习惯摸着妻子手上的那枚结婚戒指入睡，一副甜美的睡态。人已接近昏迷，爱却醒着。妻子一旦离开，哪怕几分钟，他就烦躁起来，嘴唇翕动着发出谁也听不清的喉音。任凭护士怎么安慰，他依然烦躁。王文莉来了，她赶紧把手伸给四望，他抚摸到了那枚戒指，才安静下来。抚摸！那是他们旷日持久分离后的重逢，或轻或重，都像甜蜜的风从心扉吹拂。忽然，他的手停了下来，是在等待爱妻一个由衷的赞美，还是等待一个彼此的谅解？

王文莉说：他是放心不下我呀！他不愿意扔下我孤零零一个人到很远的地方去。王文莉说着说着泪水就涌满了眼眶……

张四望是青藏兵站部副政委，年轻有为的师职军官。从1980年入伍至今，27年了，他来回走在青藏山水间，西宁——格尔木——拉萨；日喀则——那曲——敦煌。冰雪路是冷的，他的心却燃烧着暖火。有人计算过，他穿越世界屋脊的次数在五六十次以上，也有人说比这还要多。张四望没留下准确数字，也许他压根儿就认为没有必要计算它。青藏线的军人沿着青藏公路走一趟，平平常常，有什么可张扬的？这话张四望说得轻松了，其实他比谁都清楚，在自然环境异常艰苦的青藏高原上，指战员们必须吃大苦耐大劳，才能站住脚扎下根。士兵们体力和心力的付出是巨大的，领导关爱战士哪怕递上一句烫心的话，对大家也是舒心的安慰。他在汽车团当政委时，就讲过这样的话："不要让老实人吃亏，不要让受苦人受罪，不要让流汗人流血。"张四望对兵的感情有多深多重，这三句话能佐证。从团政委走上兵站部领导岗位后，他索性在就职演说中讲了这三句话。当时他刚40岁，是历届领导班子里最年轻的一个。

现在，可恶的癌细胞已经浸渗到他的整个脑部。他说不出一句可以表达自己心迹的话，只能用这枚无言的戒指来传递对爱妻的感情。结婚快20年了，他总是没黑没白地忙碌在青藏线上，今日在藏北草原抢险救灾，明日又在喜马拉雅山下运送军粮，何曾闲过？起初，王文莉在老家孝敬公公婆婆，养育女儿。后来她随军了，却是随军难随夫，夫妻仍然聚少离多。花前月下的浪漫她确实没有享受过，但四望有过多次承诺，只是未曾兑现他就要远去了！记得结婚时，四望给妻子连个戒指都无暇买，还是结婚后他利用执勤的机会顺便在拉萨买了一枚补上。他对文莉说：拉萨买来的好，日光城的戒指，有纪念意义！

眼下，他确实有时间了，在京城这座军队医院住了快半年，逛北海游览长城，有的是时间。可是他已经病得无力兑现和文莉的承诺了！人呀，为什么就活得这么残酷，夫妻间该享受的还没享受，丈夫的人生之路转眼就走到了头！王文莉记忆犹新的是，每次四望从青藏线上执勤回来，一进屋倒头在沙发上就睡觉，他确实太疲惫了。她做好晚饭，喊了几声也不见动静，只听鼾声如雷。七点钟到了，只要她说一声："四望，新闻联播开始了！"他马上就起身看电视。

这时，摸着妻子戒指的张四望，也许在忏悔自己了吧。高原军人也有家，也有妻室儿女，再忙再紧张也该抽暇陪陪妻子，陪陪女儿呀！但是一切都晚了，他只能摸着妻子手上那枚结婚戒指传递内心的爱意！

在病房里值班的三个护士，亲眼看到了张四望和王文莉相濡以沫的感情，哪个心里能不涌满感动！她们悄悄地议论："若能相爱到他们夫妻之间的这份感情，天塌下来又能算什么！"她们商量商量做了一件事，买来一枚戒指，轮到谁值班谁就戴上，每次王文莉临时有事外出时，她们就把自己戴着戒指的手轻轻地放在张四望手中，张四望摸着那戒指安安静静的，一脸的幸福。护士们看着张四望那平静的脸，看着他

那轻微移动在戒指上的手，忍着心头无法剔除的隐痛，泪珠吧嗒吧嗒掉在张四望的手上……

这该算作是张四望的第二枚结婚戒指吧！一枚来自拉萨，一枚来自北京。两地相距数千里，真情、友情却是靠得那么近，那么紧！

春风何时会到来

苏馨儿

1

宝月一直有点郁闷，因为大学生活并非从前想象和期待中的那么美好和快乐。

宿舍里的女孩子渐渐地恋爱了。宝月是有一点羡慕的。她偷偷藏面镜子在包里，趁无人时便拿出来迅速地照一照。每照一次，心里的沮丧便要多上几分。小时候看过的童话印象仍然深刻，她以为她也会像那只丑小鸭，来年便会变成美丽的白天鹅。陈扬名说过的，女孩子嘛，要么漂亮一点，要不然呢，就丑得特别一点，最怕你这样的普通啦。见过多少次也记不住。

宝月讨厌扬名，因为他说话总是那么一针见血。就算是扬名，所谓的老乡啊，也不知一块儿吃了多少餐饭，才勉强记住了她叫张宝月。

宝月惆怅了。这样下去不行啊，花样年华可是稍纵即逝的。她跑去校园论坛的杂谈版块发帖，大张旗鼓地宣扬，我的男朋友，第一，他要很爱很爱我；第二，他要有好看的眼睛；第三，他要高，要瘦；第四，他要乖，我要他往东，他不会往西；第五，他的字写得好，唱歌还很好听。

帖子好热啊，一天之内就有了近200个回复。当然内容千篇一律，楼主的要求这么高，想必是位美女吧，不如贴张照片来瞧瞧。当然也有人私下里留言，问QQ号问MSN。于是，宝月的网友陡然间就多如牛毛了。

宝月有点得意。但是陈扬名很肯定地说，张宝月你疯了。是的是的，她只是个普通的女孩。可是谁规定了普通女孩不可以对爱情提要求，不可

153

以幻想爱情？

宝月蹬着小黑靴子走掉了。已经8点10分了，有一个网友说好了要在实验楼前碰个面。宝月今天特意穿了非常漂亮的小短裙，希望那个男孩，会因为她漂亮的小腿而忽略了她平庸的面孔。

宝月小跑起来，第一次见面不应该迟到吧。她气喘吁吁地抵达实验楼前，非常礼貌地对男孩子说了声对不起。男孩有点吃惊地看着她，半晌才说，不要紧。

才聊了不到五分钟，他的手机响了，他接起来，说，嗯，好，我马上过来。然后转过头来对她说，不好意思哦，我有事要先走。

他就这样子走了。宝月怅惘地看着他的背影，他有两个条件都符合她的要求呢，只是他忘了问她，她姓什么叫什么。

宝月往回走，一脚踢飞了路边的小石子，自己的脚倒被硌着了。她蹲下身子，无声地哭了。

2

宝月后来知道了，那男孩叫顾北，是杂谈的版主。校园里的风云人物。那么，他至少有三个条件是符合她的要求了。

宝月立刻就原谅了他。这么优秀的一个男孩，是可以轻慢普通女孩的。但她数度在梦里见到他，那一夜他看到她时失望的表情。她深知那一个电话，一定是他事先和朋友约好的，假如见面不尽如人意，他好趁机撤退。

偶尔他们在校园里碰上，他会礼貌地冲她点一点头，宝月便觉得很安慰了。心事渐渐地长在了心底，黄昏时她会散步到球场，看男生们打篮球，看顾北矫健的身影，漂亮得像只鹰。回过头她在原来的帖子上增加了第六条——他甚至打得一手漂亮的篮球！

立刻就有人八卦起来，矛头直指向顾北。连扬名也跑来问，我的天，你没搞错吧，人家顾北有女朋友啦。

绯闻越传越凶，开始有人恶作剧地把宝月和顾北扯在一起，要求宝月露相的呼声越来越高。突然有个叫顾北的ID上来进行了一番义正词严的表白，说自己与楼主毫无关系，并话中有话地说了，楼主是根很不自量力的小草。

这个回帖把宝月打蒙了。她怎么也没想到顾北会这么直接地作出了回应。帖子再度热起来，有人站在宝月这一边，骂起了小白脸类男生，讽刺他们还没发育完全就自以为魅力无穷。站在顾北那一边的就立刻反击，最怕丑女生作怪！扬名越往下看脸色越阴沉，他狠狠地瞪了宝月一眼，像是这一切完全是宝月咎由自取。

宝月既委屈又伤心。趴在桌子上哇地哭了。

事情还没完，不知道是谁，知道了宝月是发帖人，用手机远远偷拍了宝月的照片，上传到了网上。一时间，关于丑女多作怪的嘘声潮水般涌来。

宝月把自己关在宿舍里，不吃饭不上课。

晚上11点，扬名在楼下叫，张宝月，你出来！宝月闭着眼睛一动不动，扬名继续叫，张宝月张宝月！像是她不出去他今夜决不善罢甘休。

她只好趿着拖鞋下楼去，看到淡淡月光下的扬名，唇角乌青，鼻翼有隐约血迹。她吃惊地问，你怎么了。他恶狠狠地盯着她说，任何一个人都有喜欢别人的权利。你如果真的喜欢就站出来，大声说你喜欢。喜欢了还怕谁说！

宝月呆呆地看着他，老半晌，再次问，你怎么了。扬名伸手抹抹嘴角，说，我跟顾北打了一架。他不应该那样对你。

他说完就转身走了。

3

宝月重新开了张新帖，大大方方地把自己的照片上传了，坦白地讲了自己的心事，她说，请问同学，我这样的普通女生可不可以有梦想？可不可以期待爱情？

宝月一夜之间成了校园名人。众多回帖纷纷对宝月表示支持。这世上哪有那么多的王子公主，更多的是像宝月一样的普通人。普通人当然也有悲欢，当然也该有幻想。许多人给宝月发站内信件，说，宝月，你是好样的！你是最漂亮的小草！有一个人，别出心裁，他说，不，你是尚未盛开的蓓蕾，春风吹起来的时候，你会成为一朵花。

宝月坐在电脑前，哗啦啦地落泪。她迷糊着泪眼给扬名发短信，兄弟，晚上我请你吃麻辣烫。

他们约好在湖边见面。宝月先到，她看到了顾北。他高高的身影站在傍晚的暮色里，还是很帅气。他身边的女生，始终板着脸，两人像是在激烈地争论着什么。宝月情不自禁地走近一点，听到女孩子说，你烦不烦啊，你别再来找我啦。

顾北的表情很忧伤，宝月突然替他难过了。她果断地走上前，挽住了顾北的胳膊，亮晶晶的眼睛注视着他，顾北，不是说好一起吃饭的吗，可以走了吗？

男女主角都愣住了。顾北眼神复杂地盯着宝月，女孩子重重地哼了一声，掉头就走。

顾北说，一块儿吃饭，可以走了吗？他目光含笑，语气轻松。

宝月怔住了。一瞥眼间，她看到扬名站在不远处，冲她做了个胜利的手势。扬名转身走掉了，湖边的风有点大，把他的头发吹得飞扬起来，宝月第一次发现，扬名的背影其实很好看。

他们去吃麻辣烫。顾北细心地询问她吃不吃得了辣，爱不爱吃鱼，喜欢白菜还是豆腐。

宝月悄悄把手捂在胸口，诧异了，为什么心跳没有加快？为什么筷子没有慌张地掉到地上？

顾北细心地问，怎么了，不舒服吗？他笑一笑，说，那个顾北，不是我。是我的一个朋友。我跟他提过你。不好意思，真对不起。

宝月嘘了口气，这个解释，如果再早一点，早一点出现在论坛上，一切便该不同了吧。如今到了不需要的时候，好像并无一丝意义了。

宝月突然间就明白了，一直以来，都是别人说她喜欢他，她也以为自己喜欢他。可是原来，并非如此啊。

她记起那一天，她看到扬名说，不，你是尚未盛开的蓓蕾，春风吹起来的时候，你会成为一朵花。扬名一直以为她应该不会知道吧，那个ID其实是他。他们一起去网吧，他就坐在她身边，注册一个新ID，到论坛上为她打气撑腰。她假装不知道。而他也真的以为，她不知道。

他好像一个条件也不符合她的要求呀。他也不过是一个再普通不过的小男生，还喜欢跟她争争吵吵，如果叫他往东他一定要往西。可原来不知不觉，她记得的，全是他的好。

4

宝月跑到扬名的楼下，站在树下大声叫，陈扬名陈扬名。有门打开，有人走出来，有人低声说话。宝月还是叫，陈扬名陈扬名！

扬名趿着拖鞋跑下楼来，穿着背心大裤衩，形象好差。他瞪着眼睛，张宝月，你发什么神经啊！

宝月说，扬名你说，春风什么时候会吹来？

扬名怔了怔。

夜色温柔得像片湖水，缓缓地淌过心底。扬名说，傻瓜。

宝月皱皱眉，说，你长得不够高啊，又不够瘦，眼睛也不太好看，写字乱七八糟的，不会唱歌，不会打篮球。

扬名说，可是我会很爱很爱你呀。我很乖，你要我往东我就往东，你要我往西我就往西。

宝月温和地说，陈扬名，你真恶心。

于是这天夜里，春风拂过，小蓓蕾开成了美丽的花朵。

你是我的骄傲

东方白

史蒂芬从寄宿中学回来，看上去无精打采。往常他会眉飞色舞地聊学校里的趣事。只是今天，心事重重的他只象征性地吃了一点儿，就默默地躲到卧室去了。

望着那扇紧闭的门，克里斯汀怀里像揣了只兔子，忐忑不安。儿子被老师批评了？与同学闹别扭了？碰到什么难以解决的问题了？

史蒂芬是遗腹子。他的父亲尼尔在妻子怀孕六个月时突发心肌梗死去世了。那些漫无边际的悲伤是史蒂芬陪她挨过去的。他在她的肚子里，不分昼夜地拳打脚踢，似在迫不及待地告诉她：妈妈别怕，你还有我呢。也许是没有父亲的缘故，史蒂芬自小非常懂事，极少惹是生非。他性格隐忍宽容，与人交往从不斤斤计较。然而，今天他到底怎么了？

这时，电话铃响了，学校董事会让她去一趟。克里斯汀惴惴不安地问："请问是什么事？"那端冷冷地答："史蒂芬惹祸了，他没告诉你吗？"

原来，周五的"社会科学"课上，有同学在教室的门楣上放了一只装满颜料的气球。接下来，不知情的加利尔——这个素来令大家讨厌的老师推门而入时，事先准备好的注射器针头恰巧刺破了气球……理所当然的，加利尔变成一只落汤鸡。同学们乐不可支的热烈掌声简直比得了奥运金牌还要大快人心。

史蒂芬是作为目击者被牵连进去的。其实，看到的人不止他一个，但，不知何故，到了最后，师生委员会只对史蒂芬进行轮番轰炸。他们告诉史蒂芬，如果他不说出恶作剧的制造者，那么他只能被开除学籍。面对董事会的逼问，史蒂芬始终只回答了四个字：无可奉告。他对克里斯汀说："妈妈，如果是我做的，我一定会站出来承认。但，那是别人做的。如果我说出那些

人的名字，就是背叛，就是告密。我不想成为那样的人。"

克里斯汀问："他们是你的朋友吗？"史蒂芬摇头，略略苦笑道："恰恰相反，平时，他们常常取笑我，说我是没有爸爸保护的可怜的家伙。"

克里斯汀又问："既然这样，你为什么不说出他们呢？这不怪你，是他们自己做了错事。"史蒂芬再次摇头，目光坚定地说："妈妈，无论对还是错，都是他们的事。但，是否一定要做个出卖别人的人，却是我自己的事。我只知道，我不想做那样的人。"

克里斯汀的心软软地动了一下。她拍了拍他的肩，说："我去一趟学校。"史蒂芬轻轻与母亲拥抱，说："谢谢你，亲爱的妈妈。"

望着渐渐走远的母亲，史蒂芬又说："校长还做出承诺，如果我说出那些人的名字，他将提名并保送我上牛津大学。"克里斯汀转过身，微笑着望着他。正欲关门，听到了史蒂芬怯怯的声音："如果我被开除了，你能帮我办理转学手续吗？"

克里斯汀擦了擦眼角溢出的泪，语气铿锵地答："当然，亲爱的。不过，我想，你一定还能在这所学校继续就读的。另外，宝贝，妈妈想对你说，你是我的骄傲。"史蒂芬笑了。

克里斯汀找到校长。半小时后，她昂首挺胸地走了出来。第二天，师生委员会宣布，作为目击者，史蒂芬不需再为此事负责。

原来，克里斯汀向校长提出了三个问题。第一，恶作剧并非史蒂芬制造，为什么让他为别人的错误受惩罚？第二，史蒂芬没有为了自己的前程出卖同学，你不觉得，这是非常正直并且可贵的勇气吗？第三，史蒂芬在人生的十字路口选择了只有极少数人才走的、正确的那条道路，难道，我们不该尊重他、保护他，让他一直拥有清洁的灵魂吗？最后，克里斯汀恳请学校董事会："别毁掉史蒂芬的正直和勇敢，请让他，一直是一个母亲、一所学校的骄傲，好吗？"

听完母亲的叙述，史蒂芬紧紧与克里斯汀拥抱。他俯在母亲耳边，自豪而感动地说："妈妈，知道吗？你也是我的骄傲！"

黑暗与光明

[美] 特纳·琼斯

日军建立的集中营位于苏门答腊的东海岸，带钩的铁丝网包围着阴暗潮湿的牢栅。外面，白天有赤道炽烈阳光的照射；夜晚，皓月与繁星相辉映。可集中营里，黑暗夜以继日。里面住人，然而"住"显然是词不达意。我们是被填塞在牢房里。偶尔，可以见到一缕微光，那是尚未锈蚀的铁丝网在太阳或月亮下闪光。

已是几年，还是几十年了？疾病和衰弱使我们懒得去想。刚被关押时，还计算时辰，现在，时间仿佛凝固了。我们周围，有人死于饥饿，死于疾病，死于最后一丝希望的破灭。对于战争的结束和获得解放，我们早已不抱幻想。我们变得恍惚和麻木，只有喉咙里才窜出野兽般的生命欲望：饥饿。除非有人抓到一条蛇，或一只老鼠，要不就得挨饿。

不过，集中营里有一个人仍有可吃的东西———一根蜡烛。他原没打算吃它，正常人是不吃蜡烛的。可当你看见周围的人皮包骨头、气息奄奄时，你不会低估这支蜡烛的分量。他实在无法忍受饥饿折磨时，便小心翼翼从箱子底下找出蜡烛，细细咬下一口。他把它看作生命之源。如果有一天，当人因饥饿发疯时，他便求助于这根蜡烛。作为朋友，他保证给我一小节。

所以，我白天黑夜一直注视着他和那根蜡烛，这与我生死攸关。别让他在最后关头一个人吃了整根蜡烛。

一天晚上，他在梁柱上刻下又一个标记后，语气呆板地说："明年圣诞节我们就可以回家了。"几乎没人对他的话作出反应，谁还去想这事？可是，又有人说了句很奇特的话："圣诞节的时候，有烛光和钟声。"他的声音虚无缥缈，似乎来自悠久的年代和遥远的地方。他的话与现实毫不相干，对我们没有意义。

天已经很晚了，我们躺在木板上，每个人都在想心事，确切地说是什么也不想。我的朋友忽然变得不安起来，他朝那只箱子爬去，拿出蜡烛。黑暗中，我清晰地看见它的白颜色。"他准备吃了，"我想道，"但愿他别忘记我。"他走到屋外，然而并没有吃，而是从看守那儿借火点燃了蜡烛，放在床头。

没有人说话，不久，黑影一个接一个溜到他的床边，这些半裸的难友们，双颊凹陷，目光饥渴，悄然无语地在蜡烛旁围成一圈。主教和牧师也围了过来，没法认出是神职人员。同样是两个虚弱的"囚犯"而已。牧师用沙哑的声音说："圣诞节来了，光明在黑暗中闪耀。……黑暗征服不了光明。"主教接口道。这是约翰福音的语句，但那天夜晚，围着蜡烛发出的不是几世纪前的书面语，而是活生生现实给我们每个人的神圣启示。

我从没见过如此洁白和纤美的蜡烛。尽管我很难描述当时的情景，但我们肯定，从这火焰中见到了不属于这个世界的东西。我们被关押在沼泽和丛林之中，但我们听到了成千上万鸣钟发出的声响和天使的合唱。烛光的火苗越蹿越高，像利剑般刺穿黑暗的牢棚。一切都沐浴在如同白昼的光明之中，从没有人见过这般明亮的光芒。我们自由了，意气昂扬，不再饥饿。

有人轻轻说："明年圣诞节我们可以回家了。"我们都相信这是真的，因为光明本身给我们这样的启示，那是用火焰书写的文字。

蜡烛烧了整整一夜，普通蜡烛是无法燃烧得这么久长，这么壮美的。我们齐声歌唱，迎来了曙光。我们确信无疑，一个温馨的家在等候我们。

事实也正是如此，我们中一些人在第二年圣诞节之前回到了家，另一些人呢？是啊，他们也回到了"家"。我帮着把他们掩埋在集中营后面的泥土里，可他们向世界告别时，眼睛不再像从前那样暗淡无光。他们的眼睛充满着光明，那根蜡烛发出的光明——黑暗征服不了的光明。

战场上飘扬的一抹红

韩云贵

她来的时候，他在擦他的小号。她看了他一眼，就去连长那里报到去了。

她的到来，对这帮男性公民们来说无疑是头号新闻。几个被硝烟熏得像黑猴般的战士像看外星人一样目送着她从坑道这头儿走向另一头儿；坐在一起打瞌睡的人都站了起来，几个人还因为神情专注而被手里燃着的纸烟烧了手，样子很是好笑。

没有人知道她的名字。也没有人打听她的名字。大家只知道，她是上边派来的卫生员。她的头上扎了根红红的布条儿。时间一长，大家便叫她红布条儿。

很多人找红布条儿说话。

红布条儿偏偏爱和他说话。

很多人都不明白，她怎么那么喜欢和他说话？他们的疑惑不无道理，因为——他是个哑巴。

很多人不屑："哑巴嘛，除了吹吹号，还能干什么？"

那是一场恶仗。敌人的飞机下冰雹一般把一枚枚炮弹号叫着扫过掩体。不断有请缨炸碉堡的战士冲上去，又倒下去。

掩体里，连长和他都负了重伤。她是卫生员，她知道他和连长都需要马上输血。然而现实往往令人遗憾：她手上只有一瓶血浆和一枚输血针头了。连长已经深度昏迷，他仍然清醒。

她拿针头的手有些颤抖。然而最终，在他和连长之间，她没有选择他。

他看着她把那枚针头插进了连长的身体。看着血一滴滴流入连长体内，她捋了捋头发，怯怯地看了他一眼。

163

他挤出一丝笑，虽然勉强，但很平静。

他艰难地抬起手，比划了几下，她明白了，她把头上那根红布条儿解下来递给他。他费力地把它塞进了内衣口袋。

他的呼吸明显急促起来，她知道属于他的时间不多了。然而就在此时，他竟然拿起炸药包艰难地爬出了掩体。

她突然明白了。她也爬了出来。

他们两人艰难地爬向了敌人的碉堡。后来一齐用力把炸药包顶在了碉堡口，再后来就听到一声惊天动地的炸响……

有人看到，一根红红的布条儿，从半空中袅袅地飘落下来……

残阳如血。负责清理战场的战士把一把小号和那根红红的布条儿交给了连长："报告，除了这些，其他什么都没找到。"

上边来了人，来人轻轻告诉连长：据我们了解，他们是一对夫妻。连长雕塑般地站住了。

有人悄悄告诉连长说，连长我们走吧。

连长未置可否，有人看到，连长把那红红的布条儿紧紧系在小号上，紧紧地……

"不正常"的作家

刘 悦

看见她自己带来的医疗转介单时，这位医师并没有太大的兴奋或注意，只是例行地安排应有的住院检查和固定会谈罢了。

会谈是固定时间的，每星期二的下午3点到3点50分。她走进医师的办公室，一个全然陌生的环境，还有高耸的书架分围起来的严肃和崇高，她几乎不敢稍多浏览，就羞怯地低下了头。

就像她的医疗记录上描述的：害羞、极端内向、交谈困难、有严重自闭倾向，怀疑有防卫掩饰的幻想或妄想。

虽然是低低垂下头了，还是可以看见稍胖的双颊还有明显的雀斑。这位新见面的医师开口了，问起她迁居以后是否适应困难。她摇摇低垂的头，麻雀一般细微的声音，简单地回答：没有。

后来的日子里，这位医师才发现对她而言，原来书写的表达远比交谈容易许多了。他要求她开始随意写写，随意在任何方便的纸上写下任何她想到的文字。

她的笔画很纤细，几乎是畏缩地挤在一起的。任何人阅读时都是要稍稍费力，才能清楚辨别其中的意思。尤其她的用字，十分敏锐，可以说表达能力太抽象了，也可以说是十分诗意。

后来医师慢慢了解了她的成长。原来她是在一个道德严谨的村落长大，在那里，也许是生活艰苦的缘故，每一个人都显得十分的强悍而有生命力。

她却恰恰相反，从小在家里就是极端怯缩，甚至宁可被嘲笑也不敢轻易出门。父亲经常在她面前叹气，担心日后可能的遭遇，或是一些唠叨，直接就说这个孩子怎会这么的不正常。

不正常？她从小听着，也渐渐相信自己是不正常了。在小学的校园里，同学们很容易地就成为可以聊天的朋友了，而她也很想打成一片，可就不知道怎么开口。以前没上学时，家人很少和她交谈的，似乎认定了她的语言或发音之类的有着严重的问题。家人只是叹气或批评，从来就没有想到和她多聊几句。于是入学年龄到了，她又被送去一个更陌生的环境，和同学相比之下，几乎还是牙牙学语的程度。她想，她真的是不正常了。

在年幼时，医生给她的诊断是自闭症；后来，到了学校，也有诊断为忧郁症的。到了后来，脆弱的神经终于崩溃了，她住进了长期疗养院，又多了一个精神分裂症的诊断。

而她也一样惶恐，没减轻，也不曾增加，默默地接受各种奇奇怪怪的治疗。

父母似乎忘记了她的存在。最初，还每月千里迢迢地来探望，后来连半年也不来一次了。就像从小时候开始，4个兄弟姐妹一听到爸爸的脚踏车声，就会跑出纠缠刚刚下班的爸爸。爸爸是个魔术师，从远方骑着两个轮子就飞奔回来了，顺手还从黑口袋里变出大块的粗糙糖果。只是，有时不够分，总是站在最后的她伸出手来，却是落空了。

从家里到学校，从上学到上班，她都独立于圈圈之外。直到一次沮丧，自杀的念头又盘踞心头而纠缠不去了。她写了一封信给自己最崇拜的老师。

既然大家觉得她是个奇怪的人，总是用一些奇怪的字眼来描述一些极其琐碎不堪的情绪，也就被认定是不知所云了。家人听不懂她的想法，同学也搞不清楚，即使是自己最崇拜的老师也先入为主地认为只是一堆呓语与妄想，就好心地招来自己的医生朋友来探望她。这就是她住进精神病院的原因。

医院里摆设着一些过期的杂志，是社会上善心人士捐赠的。有的是教人如何烹饪裁缝，如何成为淑女的；有的谈一些好莱坞影歌星的幸福生活；有的则是写一些深奥的诗词或小说。她自己有些喜欢，在医院里又茫然而无聊，索性就提笔投稿了。

没想到那些在家里、在学校或在医院里，总是被视为不知所云的文字，竟然在一流的文学杂志刊出了。

原来医院的医师有些尴尬，赶快取消了一些较有侵犯性的治疗方法，开始竖起耳朵听她的谈话，仔细分辨是否错过了任何的暗喻或象征。家人觉得有些得意，也忽然才发现自己家里原来还有这样一位女儿。甚至旧日小镇的邻居都不可置信地问：难道得了这个伟大的文学奖的作家，就是当年那个古怪的小女孩？

她出院了，并且依凭着奖学金出国了。

她来到英国，带着自己的医疗病历主动到精神医学最著名的Maudsly医院报到。就这样，在固定的会谈过程中，不知不觉地过了两年，英国精神科医师才慎重地开了一张证明没病的诊断书。

那一年，她已经34岁了。

只因为从童年开始，她的模样就不符合社会对一个人的规范要求，所谓"不正常"的烙印也就深深地标示在她身上了。

而人们的社会从来都没有想象中的理性或科学，反而是自以为是地要求一致的标准。任何逸出常态的，也就被斥为异常而遭驱逐。而早早就面临被社会集体拒绝的童年和少年阶段，更是只能发展出一套全然不寻常的生存方式。于是，在主流社会的眼光中，他们更不正常了。

故事继续演绎，果真这些人都成为社会各个角落的不正常或问题人物了。只有少数的幸运者，虽然迟延到中年之际，但终于被接纳和肯定了。

这是新西兰女作家简奈特·弗兰的真实故事，发生在四五十年代的故事。她现在还活着，还孜孜不倦地创作，是众所公认当今新西兰最伟大的作家。

手艺人生

周 佳

他是一个木匠，是木匠里的天才。很小的时候，他便对木工活感兴趣。曾经，他用一把小小的凿子把一段丑陋不堪的木头掏成一个精致的木碗。他就用这木碗吃饭。

他会对着一棵树说，这棵树能打一张衣柜，一张桌子，桌面多大，腿多高，他都说了尺寸。过了一年，树的主人真的用这棵树了，说要打一张衣柜，一张桌子。他站起来说，那是我去年说的，今年这棵树除了打衣柜桌子，还够打两把椅子。结果，这棵树真的打了一张衣柜，一张桌子，还有两把椅子，木料不多不少。

长大了，他学了木匠。他的手艺很快超过了师傅。他锯木头，从不用弹线。木工必用的墨斗，他没有。他加的榫子，就是不用油漆，你也看不出痕迹。他的雕刻最能显出他木匠的天才。他的雕刻能将木料上的瑕疵变为点睛之笔，一道裂纹让他修饰为鲤鱼划出的水波或是蝴蝶的触须，一个节疤让他修饰为蝴蝶翅膀上的斑纹或是鲤鱼的眼睛。树，即便死了，木匠又让它以另一种形式活了。

做家具的人家，以请到他为荣。主人看着他背着工具朝着自家走来，就会对着木料说："他来了，他来了！"是的，他来了，死去的树木就活了。

我在老家的时候，常爱看他做木工活。他疾速起落的斧子砍掉那些无用的枝杈，直击那厚实坚硬的树皮，他的锯子有力而不屈地穿梭，木屑纷落；他的刻刀细致而委婉地游弋……他给爱好写作的我以启示：我的语言要像他的斧子，越过浮华和滞涩，直击那"木头"的要害；我要细致而完美地再现我想象的艺术境界……多年努力，我未臻此境。

但是，这个木匠在我们村里的人缘并不好。村里人叫他懒木匠。他是懒，人家花钱请他做家具，他二话不说；可要请他做一些小活，他不干。比如打个小凳子，打扇猪圈门，装个铁锹柄什么的，他都回答：没空。村里的木匠很多，别的木匠好说话，一支烟，一杯茶，叫做什么就做什么。

有一年，我赶回家恰逢大雨，家里的厕所满了，我要把粪水浇到菜地去。找粪舀，粪舀的柄子坏了，我刚好看见了他。递上一支烟：你忙不忙？不忙，他说。我说，帮我安个粪舀柄子。他说，这个……你自己安，我还有事儿。他烟没点上就走了。村里另一个木匠过来了，说："你请他？请不动的，我来帮你安上。"这个木匠边给我安着粪舀柄子，边告诉我说，"他呀，活该受穷，这些年打工没挣到什么钱，现在工地上的支架、模具都是铁的，窗子是铝合金的，动斧头锯子的活少了，他转了几家工地说我又不是铁匠，干不了。他去路边等活干，让人家找他做木匠活，在路边等，有时一两天也没人找的。"

我很少回老家，去年，在广州，有一天，竟想起这个木匠来了。

那天，我躺在床上，想着自己的事，一些声音在我耳边聒噪：

——你给我们写纪实吧，千字千元，找个新闻，编点故事就行。

——我们杂志才办，你编个读者来信吧，说几句好话，抛砖引玉嘛。

——你给我写本书，就讲女大学生网上发帖要做"二奶"的。

我什么也没写，一个也没答应。我知道我得罪了人，也亏待了自己的钱包。我想着这些烦人的事，就想到了木匠。他那样一个天赋极高的木匠，怎么愿意给人打猪圈门，安粪舀柄呢？职业要有职业的尊严。他不懒，但他比谁都孤独。

春节我回去，听人说木匠挣大钱了，两年间就把小瓦房变成了两层小楼。我想他可能改行了。我碰见他时，他正盯着一棵大槐树，目光痴迷。我恭敬地递给他一支烟问他：在哪打工？他：在上海，一家仿古家具店，老板对我不错，一个月开5000元工资。我说：好啊，这个适合你！他笑笑说：别的不想做。

169

迟来的爱

韩 林

中午，还没睡清醒的我被继父的电话吵醒，继父没有客套的寒暄，只是说了几句简短的话："小弟，今天能回家吗？你妈妈查出有高血压。两百多，你赶紧回家一趟!"

还未清醒的脑子"嗡"的一声，一片空白，木讷地应付着继父，就挂了电话。

高血压！我对它一无所知，能让继父如此着急地叫我回家，一定是很严重的病了。我的心提到了嗓子眼，心里堵着一口气，头痛又发作了，该死的头痛，偏偏在这个时候发作！越是心急，头就越痛得厉害，挣扎着找出一片止痛药，一口吞下，感觉不出那药的滋味了。穿起了外套就冲出了公司。

车速飞快，但我还是觉得慢，如果生命的飞轮也是如此的飞快，我将如何面对？我不敢想。

在那个城市，为了生计，她和生父卖起了豆腐，在我能记事起，每个晚上三四点，父母就要起床，早早地操起了石磨，一圈两圈……肥浸泡好的豆子磨成浆。我早已熟悉那种缓而悠长的石磨的声音，那么的沉重。但在母亲的手里，石磨是那么的轻快，它转动的是我和姐姐的学费，一家人的活计。

早上六七点，豆腐已经做好，用四个大木桶盛装着，桶子用一块白色的布盖着，两头系好绳子，父母一人一担，开始一天的工作。

母亲的笑容很亲切，每天都有熟客在街头巷尾等候，所以上午就能卖完，每天十几二十块的收入母亲就很满足了。记得小时候，母亲总会在回家时带上两个烙饼，或者甜甜圈什么的，给我们一些惊喜，让一整个早上的等待有了小小的盼头。

但生父不会这样，早上一起出去，中午才醉醺醺地挑着两个空桶回家，每到中午，他总要在家的弄堂口说醉话，拖着谁就是谁，开始诉说他上山下乡的经历，诉说他有工作时诸多不顺利。他，是我的噩梦，同样也是母亲的噩梦。

生父讨厌母亲苦口婆心的劝说，所以家里总是鸡犬不宁。轻则吵架，重则厮打，而我，只能冷眼旁观，早已麻木，那年我13岁了。

母亲问我，如果她离婚了，我会跟谁过。我没有想，我要跟着母亲。

母亲又问我，如果我只能跟着父亲呢。我没有回答。我不知道怎么回答。

母亲最后还是离开了我，带着她的无奈，改嫁他乡。

从此，我的生活没了希望。

13岁的孩子不懂仇恨，却在众人的眼里知道了什么叫怜悯，那种同情参夹鄙视的目光，像是一道道芒刺在我的背上，划成一道道硬伤，直至我不能负重。

摩托车的速度超过六十，机车发出轰隆的声响，在平坦的公路上飞驰，我忘记了对她的恨，只求快点看到她——我的母亲。

离开了母亲，我只能将思念深埋于心底，面对脾气越发暴燥的父亲，我学会了沉默。用沉默来向父亲抗议。而父亲只会酗酒，用他的方式快意人生。一直到他生命的尽头。我还记得他临终时的忏悔："你妈是个好女人，你跟她去吧，记得好好孝顺她，我这辈子欠她太多了，只能让你来还了……"

跟她？我的心在发抖，我幻想着跟母亲重遇时的场面，我哭泣着地斥问着母亲为什么，为什么要离开我，母亲一脸冷漠，是那么的陌生，看着我哭泣，竟是不闻不问，转过身，越走越远，直到我看不到她的背影，这是疼爱我的母亲吗？

不会，一定不会。记得小时候，双脚被开水烫到了，母亲抱起只懂得

哭的我，一路小跑到卫生院，她的手是那么的紧，汗水打湿了她的衣裳，直到我的哭声没了，她才缓了一口气，她那紧张的样子让我记忆犹新，当然，那时我并不懂得这叫爱，只是觉得这是母亲应该做的，我是多么的愚昧呀。

泪水在脸上不知不觉地滑落，头痛随着车子震荡时不时发作，那些零星的记忆时不时在眼前晃动，呼吸在加速。路是如此的漫长。转过了路角，终于看到家的那条巷口了。

时钟敲响了，刚好是一点。继父正收拾着碗筷，看到我来了，停下了，问我吃了没有。我点点头，问起了妈妈的情况。继父点了支烟："你妈前两天老是头痛，也没在意，吃了些止痛片，好了一阵子，昨天帮忙搬了些东西，有些累，晚上又说腿疼，喝了一杯酒，到今天早上起来，她说腿不疼了，就头还在疼，就带她去看了医生，唉，没想到是高血压……"

我打断他的话："这病能根治吧，多少钱都得治呀。"

继父摇着头："这病不能根治的，只能靠吃药减压，头痛是高血压的征兆，唉，都怪我没注意。"

我的泪水在眼里打转，动情地叫了一声："爸……"竟再也说不出话了。

继父拍了拍我的肩头，"会没事的，医生说发现得早，注意饮食，按时吃药就会没事的。"继父的安慰让我感动。"妈妈呢？"

"哦，她在楼上睡了，今早看她下楼梯的样子，有些困难，我准备把床搬来楼下，医生说了，高血压病人爬楼梯不能太急，干脆让她别爬。"

我点着头走上楼梯，转过头轻声对继父说："我去看看妈妈。"

还是那张熟悉的脸，饱经苍桑，皱纹记录着岁月的痕迹。

我擦干了眼角的泪水，怕让母亲看到，我欠她的泪太多了，就连母亲来接我的时候，我都没有掉一滴泪，我在回来的车上就想着几句应付母亲和继父的话。

我要冷酷，装得陌生，不露一丝表情，让她为自己的行为内疚；我要做出宽容的姿态，让母亲心碎，想到此，我感到一股残酷的快意，这叫报复。

所有的设想都在见面的时候破灭了，母亲瘦了，她的笑容带着泪水，融化了我积蓄已久的憎恨，当泪水涌出，我发现自己还是那么的幸福。

母亲没有说话，只是轻抚着我的头发，叫了声我的小名。我忍住，在陌生人的旁边，没有哭倒在她的怀里，但我真的想像小时候那样，无忧无虑地在她的怀里嬉闹、撒娇……

记不起是什么时候这么走近母亲身边，越是长大，隔阂越深，面对母亲那些自言自语式的唠叨，我总是沉默，或者装着很有兴趣地听着，听着她说，心思却早不知飞到哪了，直到她自己也觉得无聊了，或者她有事得去做了，我才能得以解脱，说不清心理是什么滋味，是委屈？是厌恶？只觉得在家多呆一天，就是多一天的煎熬。没有朋友，只剩寂寞和孤独。

找到了工作，离开了家，以为可以将过去埋藏——我那心酸的过去。面对那些不认识的陌生人，心里多少有了些骄傲，有了些自尊，却逃不开孤独的纠缠，晚上失眠的时候，总会想起母亲对我的唠叨，尽管全无实质。难道这就是思念？毕竟血浓于水。叫我如何能割断得了。

看着母亲，静静地看着，心情已经平静了很多，她那鬓角有些斑白了，我已长大成人了，母亲没做过什么惊天动地的事，将我养育成人，给我一个温暖的家，是她的心愿，她做到了，尽管是那么的艰难，有我那么多误解，但还是做到了。

永远让人窝心的母爱，能早一天明白母亲，就会早一点知道什么是无私的爱，希望现在，我不算太迟。

没有眼睛的肖像画

王章成

画师初出道时，一文不名。整天画呀，画呀，画得成堆的宣纸在墙角发霉。

日子便过得很艰难。

妻子对他说："何不去市中心办个画展？"

画师的心动了动。

画师一无所有，却欣慰有一位美丽贤惠的妻子。

画师说："一个无名的画师，办画展会成功吗？"

妻子说："没试试怎么会知道呢？"

两天后，妻子让画师画了一幅她的肖像。妻子说，"不要画眼睛。"

画师不解其意。没眼睛的肖像画算什么呢？

画展在妻子的帮助下布置妥当了。那幅身高体胖跟妻子一模一样的肖像画就放置在展览厅的一角。参展这天，来了很多很多人，画师还在狐疑，没有眼睛的肖像画会不会令所有的来宾笑掉大牙呢？

寻找妻子，妻子却已不见。

画展办得并不是很成功。其实那无非一幅幅平庸之作，缺少灵气。但来宾们还是在大厅一角那幅少妇肖像画前驻足了。

"好！"禁不住传过一阵阵喝彩声。

一幅没眼睛的画有啥好呀？看来这帮家伙不懂艺术！画师愤愤不平地想，无精打采地挤上前去。

画师不禁呆了呆。

这哪是一幅没有眼睛的肖像画呀？整个画面线条优美、色彩逼真，特别是那一双清澈、明亮、凝重、隽永的水汪汪的眼睛，简直就跟真人一

174

样，飞来的神笔！

画展成功了，画师获得了极大的荣誉。只是暗暗揣摩没眼睛的肖像画咋会有了任何绝妙丹青高手也画不出的那种眼睛呢？

但画师已没闲心去细究这些细枝末节了。有好多画坛盛会等候他去参加哩。

一年后，画师已成了画家。成了画家的画师拿出了一纸离婚协议书。

妻子握笔的手很平静。

妻子说："从搞画展的那一天起，我便知道这一天迟早会来临。"

两人分居了，约好一月后上法庭。

没想到画师初生牛犊，大肆诽谤一位画坛泰斗而陷入一场危机。画坛各种谣言一齐向他泼来：心胸狭窄、眼光势利、目中无人……更让人气愤的竟有人说，什么画家呀，三流画师都不如哩！

画师的画开始无人问津。

画师重陷窘困之中，日日烦闷，开始与烈酒为伴。

有一天，妻子来了。

妻子平静地说："有什么呢？大不了重新来过。"

妻子又说："再去参加一个画展。还是画我的肖像，依然不要画眼睛。"

画展这天，因了画师的名声，参观者寥寥无几。但是这一天，却给寥寥无几的参观者留下震撼人心的印象。

他们驻足在肖像画前，如痴如狂。那是一幅美艳绝伦的少妇画像，少妇的面容美丽、善良，挂一丝淡淡的忧伤……突然间，那清澈明丽的眼睛里竟有一滴滴泪珠滴落，一滴滴，一滴滴，顺画布缓缓流淌……

"看哪，画中人流泪了！"所有参观者无不震撼。

所有参观者都离去了，画师仍呆站着。空荡荡的展览厅仅剩下他一人。忽地，他冲上前去，掀开了画布。

画布后，呆站着妻子。

盛开的萝卜

刘养浩

萝卜花是一个女人雕的，用料是胡萝卜，她把它雕成一朵一朵月季花的模样。花盛开，很喜人。

女人在小城的一条小巷子里摆摊儿，卖小炒。一小罐煤气，一张简单的操作平台，木板做的，用来摆放锅碗盘碟，她的摊子就摆开了。她卖的小炒只三样：土豆丝炒牛肉，土豆丝炒鸡肉，土豆丝炒猪肉。

女人三十岁左右，瘦，皮肤白皙，长头发用发夹别在脑后。惹眼的是她的衣着，整天沾着油锅的，应该很油腻才是，却不。她的衣服极干净，外面罩着白围裙。衣领那儿，露出里面的一点红，是红毛衣，或红围巾。她过一会儿，就换一下围裙，换一下袖套，以保持整体衣着的干净。很让人惊奇且喜欢的是，她每卖一份小炒，必在装给你的方便盒里，放上一朵她雕刻的萝卜花。这样装在盘子里，才好看。她说。

不知是因为女人的干净，还是她的萝卜花，一到饭时，女人的摊子前，总围满人。五块钱一份小炒，大家都很耐心地等待着。女人不停地翻铲，尔后装在方便盒里，尔后放上一朵萝卜花。整个过程，充满美感。于是，一朵一朵素雅的萝卜花，就开到了人家的饭桌上。

我也去买女人的小炒。去的次数多了，渐渐知道了她的故事。

女人原先有个很殷实的家。男人是搞建筑的，很有钱。但不幸的是，在一次施工中，男人从尚未完工的高楼上摔下来，被送进医院，医院当场就下了病危通知书。女人几乎倾尽所有，抢救男人，才捡回半条命——男人瘫痪了。

生活的优裕不再。年幼的孩子，瘫痪的男人，女人得一肩扛一个。她考虑了许久，决心摆摊儿卖小炒。有人劝她，街上那么多家饭店，你卖小炒能卖得出去吗？女人想，也是。总得弄点和别人不一样的东西吧？于是她想到了雕刻萝卜花。当她静静地坐在桌旁雕花时，她突然被自己手上的美好镇住了，一根再普通不过的胡萝卜，在眨眼之间，竟能开出一小朵一小朵的花来。女人的心，一下子充满期待和向往。

就这样，女人的小炒摊子摆开了，并且很快成为小城的一道风景。下班了赶不上做菜的人，都会相互招呼一声，去买一份萝卜花吧。就都晃到女人的摊儿前来了。

一次，我开玩笑地问女人，攒多少钱了？女人笑而不答。一小朵一小朵的萝卜花，很认真地开在她的手边。

不多久，女人竟出人意料地盘下了一家酒店，用她积攒的钱。她负责配菜，她把瘫痪的男人，接到店里管账。女人依然衣着干净，在所有的菜肴里，依然喜欢放上一朵她雕刻的萝卜花。菜不但是吃的，也是用来看的呢，她说，眼睛亮着。一旁的男人，气色也好，没有颓废的样子。

女人的酒店，慢慢地出了名。大家提起萝卜花，都知道。生活，也许避免不了苦难，却从来不会拒绝一朵萝卜花的盛开。

妈妈的秘密

［日］赤川次郎

千万不能让丈夫知道。

绫子拿着那个小包，站在桥上。夜深人静，河水在黑暗中悄无声息地流淌着。

它能带走这秘密吧。

小包飞快落入河中。回家吧，明天丈夫住院，得起个大早呢。

绫子疾步往回走。轻轻打开后门，穿过厨房，溜进卧室——丈夫站在那里！满脸愤怒。

"上哪儿去了？""这……""哼，是把见不得人的东西扔到河里了吧？！"丈夫真的动了气。绫子的脸也变白了。

"扔了什么？说！"绫子忍不住反问一句，"你怀疑我什么？""我替你说吧——是北山的信！"绫子睁大了眼睛。接着，慢慢将视线移至脚下。

"跟那家伙勾搭上啦！""啪"一记沉重的耳光。绫子头晕目眩，一头栽倒在床上。

好不容易抬起头时，女儿由纪子正怯生生地站在床边，黑黑的瞳仁里充满了恐惧和疑惑。

"我到底是谁的孩子？"由纪子问，"是爸爸的，还是叫北山的那个人的？"

"你为什么问这个？"

"想知道。"

良久，绫子没有做声。微风吹拂着她那已大部分变白的头发。

"好，"绫子终于开口了，"那就告诉你吧。"

"和我结婚前，你爸爸爱着一个人，她叫……"

晶美，并不出众。在中学，比他低一年级。当时她们都很迷恋他，绫子偏偏和晶美又是最好的同性朋友。不过，这两个女孩儿那时都处在还不敢向异性吐露爱心的年龄。因此，也就没有发生什么争"郎"大战。论家庭背景，绫子占上风。晶美死了父亲，与母亲二人相依为命，度日维艰。她自然穿不起绫子身上的漂亮衣服。也不善于玩耍。不过，绫子知道，晶美特有的那种清纯、温柔和娴静是谁也学不到手的。

那件事发生在一个炎热的暑假。

晶美突然跑到了绫子家。他正巧也在。紧追而至的是一群恶煞似的男仆，他们的主人是当地首富，晶美的母亲在那家干活。

"让那个女孩儿滚出来！"男仆们叫嚣说，他们家小姐放在梳妆台上的宝石不见了，晶美当时正进府找她母亲，偷宝石者必是晶美无疑……他，发怒了，让晶美躲进里屋，他转身直奔门口，跟那帮男仆大吵起来。

大概是被他那不要命的样子吓住了，男仆们嘟嘟嚷嚷着回去了。本来他们也没有充分的证据。

他走向面色惨白、颤抖不已的晶美。温柔地拉起她的手……然而，那件事并未结束。暑假期间，晶美偷盗宝石的传言传遍整个镇子。新学期开始后，没一个人愿跟她说话。她母亲也失去了工作，娘儿俩的日子更难过了。他则明明确确地爱起了晶美。那不是出于怜悯或同情，而是纯粹发自内心深处的诚挚之情。绫子一如既往关心着晶美，同时暗暗在心里发誓：委屈自己，成全他们。

然而，单靠一个学生的爱情，是无法支撑母女俩的生计的。这个事终于画上了一个句号——晚秋的一个黄昏，晶美和她母亲一同投河自尽了。

"后来，你爸爸倒插门到了咱们家，再后来，就有了你。"绫子停顿了一下，"不过，你爸爸在心里一直思念着晶美。我只是他的妻子，晶美才是他的恋人。而且只有她一个……"

由纪子长长地叹了口气。"可这与你扔到河里的东西有什么关系

呢？""我打扫里屋的时候，发现了塞在天棚上的宝石，就把它偷偷地扔进了河里。""是，是这样……"由纪子几乎喘不过气来。"晶美被人追到咱们家，趁你爸爸跟人吵架的当儿，踩着板凳，把宝石塞到了天棚里。"

"那你为什么不告诉爸爸呢？"绫子莞尔一笑，"我那时已经得知，晶美的不幸使你爸爸在身心方面所受的沉重打击和极度悲痛该有多大。对你爸爸来说，晶美是完美无瑕的女性偶像。如果告诉他真实情况，你想会发生什么事儿？""妈妈！"由纪子紧紧地抱住了母亲。

"您才是最爱爸爸的人啊！"

绫子的脸微微发红。

第六章

踮起脚尖，靠近阳光

一段爱恋之后

王朝阳

在经过一段刻骨铭心撕心裂肺的恋爱后，我对爱情失去了感觉。看到周围的朋友同事纷纷筑起小巢，我也想有个家。于是在同事的介绍下我与欣认识了。

欣，在一家国有企业当技术员。长得一般，身材娇小，脸色也不太好，看上去有点病恹恹的样子。她苍白的脸上却时常挂着暖人的微笑，这使我有家一样的温暖。我厌倦了漂泊，只是想有一个女人，一个与自己组建家庭的女人，尽管这与爱无关。

欣常常坐在我身边，握住我的手，听我说话，非常痴迷地倾听，那种眼神里满是崇拜。自从那个骄傲的琳离开之后，再没有人这样认真地倾听过我内心的想法，我也从没有与人认真交流过。从早到晚我都有俯身在实验室里与量子、质子这些微观颗粒在一起做有规则地运动。直到一年后，我的博士论文答辩结束，学院里的同事看到我憔悴的样子，才硬拉来与欣相亲。

同事的姐姐与欣家是邻居。

欣家里只有她和她生病在家的母亲，生活很是贫困。她家里唯一值钱的地方就是这座位于繁华闹市里不太大的房子。就在这个不太大的房里，我第一次感受到家的温暖，第一次强烈地想要有个女人与我成家过日子的渴望。也就是在这个不太大的房子里，我第一次亲吻了红着脸的欣，第一次触摸了她光洁的肌肤，成为她生命中的第一个男人。

那些日子是我一生中最快乐最幸福的日子。每天我都会在放学后去那间不太大的房子里，与欣抱在一起烤着火炉吃她做的火锅。饭后，搂抱着她一起看窗外飘落的雪花。

沈阳的冬天很冷也很长。一天，我拉着欣的手在沈阳的大街上闲逛，在路过沈河区婚姻登记站时，看很多对青年男女拿着结婚证非常幸福地从里面出来。欣羡慕地看着人家，一动不动。

　　我对欣说，"想结婚吗？"欣微微一颤，望着我的眼睛，说想。雪下得很大，一片一片落在欣的脸上、额头上，又一片片消融。我将欣搂在怀里，说欣我们结婚吧。那一刻，我居然泪流满面。是经过一长段爱情的跋涉，经过太多的坎坷对家的渴望？还是就想就找个女人结婚，过一种平平淡淡的日子？我不知道。那一刻我只是想哭。曾几何时，我与琳已走近了婚姻的殿堂，可她却抽身离去。曾相约，在我博士毕业后就结婚，可现在她却在一个陌生遥远的国度里躺在一个外国老男人的怀里。我向她求婚那天，也是在这个结婚登记站的门口，她很神圣地对我说，"今生我一定要做你的妻子。"那天也下着大雪。

　　我爱欣吗？我不知道。为什么要和她结婚？我也不知道。自从答应与欣结婚以来，我一直在想着琳，莫名其妙地想她。我一直在问自己，我爱欣吗？我为什么要和她结婚？可是没有答案，我只是感觉到她能给我家一样的温暖。

　　在领结婚证的那个晚上，看到欣在我身边沉沉地睡去，像个孩子般那样安详，睡梦里还幸福地笑着。我叹了口气，眼前晃来晃去的却是琳的身影。我知道认识不到五个月的欣与相恋五年的琳是不能比较的，尽管琳是那样地伤害过我。

　　如果琳离去后再没有回归，我和欣的生活也将会平平淡淡地过下去。可她偏偏就在我与欣领完结婚证后的第二天，出现在我的面前。

　　那天，我正在上课，教研室的老师喊我说，有人找你。我走出教室门，一转身，发现琳站在我身边。她还是那样的美丽绝伦，气质非凡，只是消瘦了许多，眼神里忧郁了许多。

　　我冷冷地说："小姐，找我有事吗？是不是认错人了？"琳看着我，

嘴唇颤抖着，泪水在眼眶里闪现，摇摇头转身就走。在琳的面前，我从来都是貌似强大，实则软弱。在她将在走廊尽头快消失时，我追了过去，到现在也不知道我为什么会这样做。

她跟着我到了宿舍，大大地哭了一场。她告诉我，她离开我去德国，是因为那个德国老男人能让她出国，这是她这辈子一生的梦想。她不想因为与我的感情放弃她的梦想，她一直是这样。

我告诉过你，我在德国站稳脚跟就来接你。琳确实对我说过这样的话，但我不想她以这种方式来接我去德国。"现在我来接你了。"说完，她就把德国一家学院的邀请函放在我的桌上。"现在你拿着它去办护照就行了，那个学院会为你提供全额奖学金的。"

傍晚，我打电话告诉欣，说学院里有事，不回去了。这是我第一次对欣撒谎。当夜，在琳下榻的宾馆里，我拥着琳的胴体再次与琳缠绵时，竟然很快乐。完完全全把欣给忘记了。

我思考着下一步的打算：是和琳飞到德国在那里过富足的生活，还是留在国内与欣过平淡的日子？琳已与那个德国老男人离了婚，也得到了一大笔财产。

第二天回到欣的家里，欣很欣喜地拥着我说，"你昨夜去了哪儿，我给你打了好几遍电话你也不接，担心死我了。"她把刚煮熟的饺子端上来，是我最爱吃的酸菜馅饺子。

"欣，我想和你说件事儿。""呵，说吧。我也有事儿要和你说呢。"欣很高兴也很羞涩。"我想去德国，那儿的有一个学院给我寄来邀请函了，请我去那儿学习。"我编了个骗她的理由。

"康儿，这是好事儿啊。嗯，去那儿可不可以带家属，我也去。"在欣的眼里，我们早是一家人了。她也确实是我法律上的妻子。看到我很严肃地瞪着她，她连忙伸伸舌头，说是和我闹着玩儿的。

"康儿，我也有一件重要的事儿想告诉你。"欣脸上全是红晕。"什么事儿？"我问。"我怀孕了。"欣低着头，像所有幸福的女人那样羞涩，苍白的脸上又飞起了红晕。

"你想怎么办？"她的话好像是一阵晴天霹雳完全把我震惊了，好长时间才缓过来劲儿。

"我想把他生下来，我想有个属于我们两人的孩子。"

"打了吧，去德国不知道什么时候才能回来。学院规定，结过婚的不能去。"我把已编排好的理由告诉了欣。欣的脸突然变得很苍白。"结了婚怎么就不能去了？"她问，声音有些颤抖。

之后欣再也没有说话，默默地吃饭，默默地收拾完碗筷，像以往那样把我的袜子洗净，晾在暖气上。然后像一个无助的小猫一样蜷缩在我怀里默默地流泪。

"欣，别难过了，要不我就不去了。"看到欣无声的哭泣，我心里很难受，竭力想安慰她，却又找不到理由。

"为什么？怎么又不去了？"欣抬起头问我。"嗯，是这样……"我继续搜集着理由，编排着谎言。"那个学校不提供奖学金，嗯，所以我就去不了了。"我撒着谎说。"你是说，去那儿没有学费就不去了？"欣问。"嗯。"我想先把欣安慰住，把结婚手续解除了，然后再给她解释。这样对她的伤害也许会少一些。

第二天起床后，我发现欣的眼睛红红的，有点肿。她一夜没有睡。

我告诉欣，"这两个星期我就不回来了。在学院里还有好多事儿要办，再办办护照什么的，很需要时间的。"欣微笑着说，"好呀，你办你的事儿吧，我们办手续时我给你打电话呵。"

与欣解除婚姻的手续办得相当的快，不到五分钟。从婚姻登记站出来时，天还下着雪。这几天，沈阳总是下雪。在我转身想离去时，欣的眼泪一下子又流了出来，可她依然微笑着。雪花落在她脸上，落在鼻子上，当我想为她拂落时，却又融化成水滴流了下来。"咱们去那坐一下吧。"

185

她说。

婚姻登记站的旁边有一个小小的咖啡厅，里面没有人，只有几个服务生侍立在门口。咖啡厅里流淌着舒缓忧伤的音乐，我坐在那里看欣呷着咖啡，找不出安慰她理由。从领结婚证到解除婚姻关系，仅仅两个星期。欣就明显消瘦了，脸更黄了。

"你什么时候去德国，我送你。"欣先开口了。"还不一定呢。签证没下来。"其时飞德国的机票早已买好了，就在我的裤袋里，我不想也不敢告诉欣我怕她知道我和琳一起走，会更难过。"你去那儿，人生地不熟的，自己要照顾自己呵。有事儿时，给我来电话。"欣的眼泪又流了下来。

"嗯。"我应道，又是一阵沉默。"本来见到你后，我就感觉你不会属于我。你是一个大学老师，还是博士。我却是一个工厂的技术员，咱俩相差太悬殊。可是我喜欢你，崇拜你。后来你提出领结婚证和我结婚，那时我就想这下可以终于和你在一起了。那时我欢喜得不得了，可现在……"欣缓缓地说。"你去吧，去那儿也就三四年。我等你，回来后咱再领结婚证，再结婚也行呵。那时你还要我吗？"她问。我心痛得厉害，点了点头。"这儿有一万美金，你拿去当学费吧。"欣从包里取出一捆绿绿的钞票。

"你怎么会有这么多钱？"我感到很惊讶。"这是我妈给我的。""你妈连工作也没有，怎么能有钱？"我急切地问。"我爸留下的，我爸可是一个工程师呀。"我无语心里很是酸楚，正是这一万美金，让我心里沉甸甸的。其时我去德国是有奖学金的，机票是琳买，我不用花一点儿钱。况且她在那儿早找到了工作，有足够的钱供我去上学。

一边是我深爱的琳，一边是深爱我的欣，站在这两种爱情的中间，让我左右为难。爱欣吗？不爱。她只是琳离开我后的感情慰藉，弥补伤口的胶水。我想告诉欣，欣你别傻了，我不爱你。但我不能这么说，这样只能增加她的痛苦，还不如给她留下一丝的梦想，让她用不可能实现的梦想来安慰自己。

离开还是留下？在苦苦权衡了两天后，我决定离开欣。在走之前我要把钱还给她，并告诉她真相，让她不要在这儿傻等，那样对她不公。

当我敲开欣家那个不太大的小屋时，一个陌生的男人探出头来，让我吃了一惊。"欣呢？"我问。"她搬走了，她把房子卖给我们了。你到别的地方找她吧。"

"她搬哪了？"我急切地问。"嗯，好像是搬到她们工厂的那边儿去了。"我在她工厂旁边的小区里，见人就问："这儿是不是有一家新搬来的？有个姑娘叫欣。"终于，在一个胡同最深处的小院门口，看到了欣的母亲。她正在那生煤炉子，烟呛得她咳嗽不止。看到我来了她很奇怪，问我："康儿，你不是去德国了？"

屋里很小也很冷，窗户还没糊好，四处还透着风。"伯母，您咋搬到这儿来了？"我问。"哎，还不是要给你凑学费，把房子卖了。""那钱不是伯父留下来的？""他哪儿有钱呀。'文化大革命'时期能让你有钱？"

霎时间，我闷坐在那儿，心疼得厉害。当一个女人为你付出所有，痴心地爱着你时，你却残酷地告诉她，我不爱你我爱的是别人。这样我做不到。

欣回来看到我很是惊讶。我拥着欣说，"欣，我不去德国了。咱们结婚吧，现在就结。"一句话让欣的眼泪"哗"地流了下来。她俯在我肩膀上痛哭不止。

"康儿，你去吧，一切我全知道了，今天琳见了我。这是她给我的钱，你还给她。我不需要钱……"说着欣从包里拿出了两万美金放在那儿，"康儿，你知道我爱你，我不要钱呵……"欣哭着说了好久，她情绪平静了些，又说，"康儿，我知道你不爱我，就是和我结了婚，你也会离开我的。别再傻了，快走吧。琳是个好女孩儿，你要好好对她。"欣的脸

第六章 踮起脚尖，靠近阳光

上依然在笑着,但泪水却不断的流下来。

当飞机离开机场时,我俯瞰沈阳的夜空,眼泪也"哗"地流了下来。不为别的,是为那个我不爱的而她却爱我的女人——欣。

在德国我上了一年的学后,就被一家研究机构提前聘用了。第二年琳开了一家通讯器材公司,我在那儿主管技术,她抓经营。由于她出色的组织和管理能力,使这个小小的通讯公司销售额连年蹿升。到第四年,公司已赢利上百万。可是我一点儿也不快乐,我总是被心里的十字架压得喘不过气来。我感到对欣很愧疚。每天夜里我都在想她过得怎么样?她成家了吗?她有爱她的男人了吗?

六年来,当我将十万美金一次次地寄给欣时,却一次次地被退回。回执说,查无此人。

六年来,我一直在想着欣,欣是不是下岗了?她们那个工厂形势一直不太好,在我离开沈阳时,他们就有好几个月不开工资了。欣没有一技之长,没有力气,身体瘦弱单薄,这样一个软弱的女人该怎样生存?

六年来,我一直在良心上谴责着自己。终于在今年的五月登上了回国的飞机。整个沈阳的大街小巷我跑遍了,却再也没看到欣。有人说,她去了外地;也有人说,她母亲死后,她靠捡破烂为生;更有人说,她站在街边成了"小姐"。

我无比的痛恨自己,因为是我使她落到如此的地步。虽然我不爱她,但她却视我为她的精神支柱。在她明明知道这个支柱要被别的女人夺走时,却依然微笑着,变卖了房子为他筹集学费。

当我失魂落魄地再次走到她家原来那间小屋的楼下时,听到一个小姑娘稚声稚气地问:"叔叔,你要包子吗?酸菜馅的,五毛钱一个。"我忙蹲下抱住她,说:"要,在哪儿?""那儿。"小姑娘手指的方向,一个瘦弱的女人在向路人卖着包子。

我的心剧烈地一阵剧颤,那不是欣儿吗?当我双手颤抖地牢牢地抓住她时，她一阵惊愕。然后，泪水像断了线的珠子不断落下，接着俯在我的肩膀上号淘大哭起来。

"妈妈，你为什么哭了？"小姑娘抱着欣儿的腿也哭了。"小姑娘，叫什么名字？你爸爸呢？"为了掩饰自己的感情，借抱小姑娘的时候，我偷偷将眼角的泪水拭净。

"念康，我叫念康。我没有爸爸，我爸爸去国外了。"啊，这一句话又把我的心击碎了。我知道，这一辈子，再也没人能够原谅我了，包括我自己。

半小时的路程

秦羽凡

每个人都认为，世界上时间最公平，因为每个人每天的时间都是24小时，在没有经历下面这件事情前，我也这样想的。不过，当那个叫王当的小女孩告诉我实情时，我的心像被电击了一样，我实在是没有想到，大山里面时间的概念原来和城市里面不一样。

我工作的学校在秦岭山区，一个偏僻村子的一所希望小学，村子里170多户人家800多名村民分住在两个大沟中，小学就建在两条沟的交界处。因为小学刚建成，所以条件很简陋，师资力量非常薄弱。为了解决这一问题，学校号召大家利用周末前去支教，我报名参加了。

下了长途车，走了将近两个小时山路，一路跌跌撞撞，好不容易才来到学校。远远地，就看见一群穿得破破烂烂的小学生，在当地老师的带领下高喊着"欢迎、欢迎、热烈欢迎"的口号。

山里孩子胆小、守规矩，一上课就背着手坐着；他们也认生，见我是第一次来讲课，都不说话，傻乎乎地用双眼盯着我，腼腆而拘谨。为了活跃一下氛围，我问道："同学们，告诉老师，你们来上学都要走多长的时间呀？"我之所以这样问，除了想调动课堂氛围外，同时也是想借机了解一下学生上学路程的远近。因为经常在电视上看见山区孩子上学辛苦，天不亮就要出发，要走好几个小时才能够赶到学校。

这招果然很灵，原本安静的教室一下子沸腾了，坐在底下的孩子们都认认真真地回忆起来，不大一会儿，都开始争先恐后地说自己上学所需的时间：最远的说要一个小时，最短的也要半小时。

"还好，"我点了点头，心想路程并不是太远，接着说道，"来了就要好好学习，不准调皮捣蛋！"

从早上到下午，我一口气上了七八节课，虽然累得快趴下了，可是心里还是很开心。山里孩子比城市孩子勤快，一篇课文，叫他读三遍，他绝对不会偷懒只读两遍的；他们也聪明好学，经常问很多问题。总之，在孩子们明亮而清澈的眼睛里，我看见了他们对知识充满了渴望。

放学时，天色还早，秦岭山里头，除了山还是山，孩子们一走，学校就只剩下几个支教的老师了，显得非常冷清。我突然间产生一个念头，想送学生回家，顺便去家访摸摸情况，一举两得！

于是我问："同学们，刚才谁说自己上学只要半小时呢？"

全班同学都把目光投向了坐在教室角落里的王当，"老师，是我！"这个叫王当的小女孩站了起来，她个子不高，斜挎着一个小布包，包的布料非常糙，看得出来，这是拿旧布自己做的。

"放学后先别走，老师送你回家，顺便去你家家访。"我说。

"老师，我……"王当话到嘴边又吞了回去，泛红的脸上写满了惊慌。

我笑了，安慰她说："我知道学生都怕老师家访，我读书时也和你们一样，一听老师要去家访，就谎称父母出差了！放心，老师不会说你的坏话的！"一句话逗得全班同学都开心地笑了起来。

放学后，我跟着王当上路了。一路上，她在前面带路，我就问她喜不喜欢学校、喜不喜欢读书这样的问题，她每次都点点头，很小声地说很喜欢。聊开了，我就问她回家后一般做什么？她告诉我说，她回家后会看书，洗衣服，拔草，喂猪，照顾弟弟。我听了心里酸溜溜的，我在想，像王当这样12岁的小姑娘，为什么会承载了这么多的家庭负担呢？而在城里，她的同龄人除了学习就只剩下娱乐了。

天色开始暗下来，我不止一次地看表，从出发到现在，已经快有一个小时了，她家怎么还没到？我每次问王当，她总是小声地说就在前面。

终于，天即将黑了，我停下来很严肃地问她："王当，你不是告诉老师，说你上学只要半小时么，现在我们走了已经快一个小时了，怎么还没

到？你怎么能对老师说谎呢？"

王当抬起头看着我，泪水在眼眶里打转，脸上写满了委屈，过了一小会，她才很小声地回答我："我每天是跑着去学校的，所以只要半小时，今天我们走得慢！"

跑着去的？那一刻，我感到周围的空气一下子凝固了，我没有想到，王当所说的半个小时是跑着来计算的。

王当说完，没有再让我继续送她，而是自己撒腿跑了，一边跑一边喊："老师，回去吧，你放心，我家就在前面！"

看着斜挎着旧布小包奔跑的王当单薄的身影，我的眼睛潮湿了。上学只要半小时，这半小时对她也许很短，但对我却是如此之长！

什么是最重要的

[美]珍妮弗·怀特

周五下午，一叠6寸厚的文件在我办公桌上放着，我在明尼阿波利斯市最大的银行工作，是一个高级金融分析师，我的部门负责10亿美元的业务，每一笔款项都必须计算进去。但是，这并不令我担忧。我心中不停地想着另一个更大的问题：当我告诉经理说我已怀上第一个孩子时，他会说什么？

我的预产期意味着，我将不能参加明年的整个预算工作。我的老板丹是永远不会理解的，他对下属特别苛严，简直是把人当驴使。他是一个工作狂，一天三顿几乎都是在办公桌上吃的。今天他看上去极度疲劳。他匆匆忙忙地往他的公文箱里塞满文件，准备带回家去干。我纳闷：他还有时间顾及家庭吗？

我想和迈克谈一谈，他是我的组长。迈克几乎每天下午5点就下班回家。他有两个男孩，太太要上夜校。他的隔间里贴着三张照片，一张是他的孩子们在他亲手为他们做的攀缘游戏架上玩耍，一张是他担任教练的足球阻截手训练队的照片，还有一张是复活节全家穿着盛装准备去教堂前的合影。

甚至在我知道有了身孕之前，他曾对我说过："你可以把工作做完按时回家，弄清楚什么对你来说是重要的，其他的事可随其后。"可是，丹才是我的老板，得遵从他的时间安排；我不能再推迟和丹之间的谈话了——我马上要穿孕妇服，我把那叠文件往旁边推了推，站起身来，就在此时，丹的助手在我桌子上放下一份备忘录，我们被要求在报告中将一组新的数字包括进去，"下周一交给我。"他写道。

我看了一眼钟，主机计算机已经关闭，因为是周末，周一前改好报告

意味着要在周六用手工来做。此时，我听到迈克办公室中传出气愤的大声说话的声音，就走了过去，"要加进这些数字至少要用8小时，而且数字还不一定准确。"

我说："另一位分析师说，丹让我们干这个就是不让我们周六休息。""我们不需要这样做，"迈克背靠椅子笑着说，"下周一，电脑一启动，我首先运行一个程序；周二我会对丹解释，多加一天可以保证不出任何差错。"

我过了一个糟糕的周末，迈克或许跟他的孩子们打球去了，可我却无法入睡，在此违抗上司命令事件之后，丹会如何看待我的产假呢？

周一，迈克在我上班之前就运行了那个程序，我核校我的部门的有关数据，连中午饭都没有顾得上吃，一直坚持到干完，我一直想象着第二天早上丹盛怒的模样。周二，我比其他同事来得都早，我倒了一杯咖啡，在我的隔间坐下。丹高视阔步地走了过来："到我办公室来一趟，"他正眼都不瞧我一眼，"马上过来！"我坐在他对面，颤抖的手压在大腿下面。他眯起眼睛说："我昨天需要那些报告，以便用来写我的发言提纲，如果那意味着你周六要干活的话，这是你责任分内的事。是正常的，相反，你却故意违抗。"

我极力克制着自己的泪水，正在这时，迈克飘然而进，手里拿着新的报告，"丹，给。"他啪的一声把报告放在他桌子上，"保证准确无误，分毫不差，在我看来，一天的耽误是值得的。"丹快速地翻看报告："为什么你们不在周六完成？""那会是对人力的巨大浪费，因为这活儿我们可以用电脑来做，而且准确性高。"迈克说，"这样，我们就推到了周一做，我得遵循我自己的判断。"丹花了很长时间看第一页，然后点了点头，在那一刻，紧张的气氛顿时烟消云散，就像气球泄气那样，我们用了整个上午帮着丹为会议做准备，他甚至咧嘴笑了。

那天下午，丹把我们叫到他办公室，对我们说："董事会认为我们的陈述最为全面缜密。"我们互相祝贺,就好像根本没有发生过不愉快的事情。过后,当我最终要去找丹谈我身孕之事时,我顺便去了下迈克的隔间,他在那儿,和以往一样努力地工作着,周围贴着孩子们、阻截手训练队和复活节全家福的照片,这些不是分心的东西,而是他力量的源泉。正因为如此,他从不做浪费时间的决策,从来不把自己的地位或办公室政治放在心上,他对轻重缓急心中自有原则:信仰、家庭,然后才是工作。正因为如此,他在三方面都很成功。

"迈克,谢谢你为我做的一切。""不就是一份报告嘛。"他说。"不,不仅是报告。"我说。

此时,我也有了自己的轻重缓急的原则,我这就去告诉老板我的那个好消息。

第六章

踮起脚尖,靠近阳光

飞渡人生铁索

池少云

　　两座高耸入云的山峰，遥遥相望，中间有铁索相连。当年红军飞夺泸定桥时尚有13根铁索，而此地只有两根，一上一下相距约有一人高，山风拂过，铁索便悠然地荡起了秋千，无数椭圆的小铁环互相撞击着，发出清脆悦耳的响声，宛如大山的风铃。这是山上的招牌旅游景点，他每天的工作就是往返于两座山峰之间，向游人表演"铁索飞渡"。

　　他是个山里汉子，家里穷， 30多岁才开始学艺。当时师傅说，你要想清楚，你是有老婆孩子的人了，这碗饭可不好吃啊，一颗脑袋天天都别在裤腰上，出不得半点闪失。他说，只要能赚钱我不怕死，如果儿子将来也像我这么窝囊，那我还不如死了算了。师傅见他如此坚决，便破例收下了他，他一不怕苦二不怕死，时间不长就能独立表演了。为了更加惊险刺激，吸引游客，他走铁索时从不带保险绳，中途还要表演一些高难度动作。

　　玩命的活让他收入不菲，家里渐渐宽裕起来。儿子自小聪明懂事，小学时成绩一直优异，为了不让儿子担心，影响学习，一开始他就和妻子商量好，对儿子隐瞒了走铁索的事，只说自己在山上承包了一个景点。夫妻俩一直小心翼翼地维护着这个美丽的谎言，单纯的儿子丝毫没有看出破绽，真以为父亲做了老板。

　　他发誓要让儿子走出大山，儿子小学毕业后，他就四处求人，把儿子送到了城里最好的中学。儿子住校，每个月回家一次。儿子每次回来，他总是故作轻松地说，儿子，你只管安心读书，最近山上的生意不错，需要花钱的地方尽管开口，在学校要吃好点，千万别亏着自己。儿子自从进城读书之后，果然长了不少见识，常常讲一些父母闻所未闻的新鲜事，而且每次拿来的成绩单都让他们兴奋不已。看到儿子聪明懂事，学习进步，他心中无限安慰，心想多年的良苦用心总算有了回报，再苦再累也值啊，自己每天出生入死还不都是为了儿子。他走铁索时更加卖力了，儿子是他全部的希望，更是他前进的动力。

然而，他做梦都想不到，儿子竟然也一直在撒谎，那些成绩单都是儿子精心伪造的杰作。儿子小小年纪离开了父母，无人管束，很快就迷上了电子游戏，最后竟发展到逃课去打电子游戏，学习成绩自然一落千丈，为了向父母交差，他只好精心伪造了成绩单。父子俩就这样各怀心事，在互相隐瞒中过了一年。

那天，母亲在家里忽然接到老师的电话，说你儿子已经三天没来上课了。她才如梦方醒，赶到城里，终于在一家电子游戏室找到了儿子。她气得浑身发抖，当即给了他一巴掌，你以为你爸赚钱容易吗？一怒之下，她把儿子带到了山上。

儿子第一次看到了"铁索飞渡"，天啊，那个悬在半空的人竟是父亲。上下两根铁索，父亲手上抓着一根，脚下踩着一根，晃晃悠悠地缓缓前行，突然一脚踏空，身体倒倾，游客们顿时发出惊恐的尖叫，他的心提到了嗓子眼，不敢再看。千钧一发之际，父亲用脚尖稳稳地勾住了铁索，原来这是表演中的固定动作，人群中又爆发出雷鸣般的掌声。他震撼了，观众每一声喝彩都像一枝利箭深深地扎进他的胸膛，他终于明白父亲的良苦用心，自己花的每一分钱竟然都是父亲用命赌来的，悔恨的泪水决堤而出。他哀求母亲，千万不要告诉父亲，我一定痛改前非，她既心疼儿子又怕丈夫分心，便答应了帮儿子隐瞒。

可是，儿子仅仅收敛了两个月，又忍不住"旧病复发"，一头钻进了游戏室。老师再次打来电话时，被父亲接到了，听明真相，他直感到五雷轰顶，没想到自己出生入死、苦心经营多年的谎言，换来的竟是这般光景。

第二天，他把儿子拽到了铁索前，不由分说，就往他身上套好了保险绳，然后指着对面的山头吼道，臭小子，只要你今天能从铁索上走过去，

踮起脚尖，靠近阳光

老子永远不再逼你上学了，今后你想干啥都行。儿子看了看对面，又瞧了瞧铁索，一赌气说道，走就走，别以为这样就能吓唬我，心想父亲天天都能走，何况我还有保险绳，怕什么？可是当他一脚踏上铁索时，立马就后悔了，脚下深不见底，两旁悬崖峭壁，一阵寒风吹来，只感觉浑身汗毛倒竖，后背发凉，极度恐惧让他根本无法保持重心，手心不断冒汗，身体越晃越厉害，忽然一头栽下，倒吊在半空中。他吓得面如土色，再也顾不得面子，顿时嚎啕大哭起来，爸爸，求求你拉我上来，我再也不敢逃学了。父亲却铁石心肠，置之不理。看到求情无望，他只好艰难地爬起来，战战兢兢地一步一步往前挣扎……他根本不知道自己是怎样走过去的，下了铁索浑身上下已经找不到半根干纱，仿佛刚从水里捞出来，由于惊吓过度，回家后他接连高烧了三天。

父亲果然信守诺言，对儿子的事再没过问半句。经历了这次"生死考验"，他吓得再也不敢逃学，只是从那以后，他没有跟父亲说过半句话，他恨父亲如此绝情。

若干年后，他变成了城里人，也有了自己的儿子。春天，山花烂漫，他带着儿子又去了那个景点，看见有人正在铁索上行走，三岁的儿子惊得半天合不拢嘴。他自豪地说，那有什么了不起，爸爸14岁时就能飞渡铁索。儿子向他投来崇拜的目光，竖起大拇指说，爸爸，你真勇敢！他拍拍儿子的小脑袋，笑了，眼里溅出泪花。在他大学毕业前，父亲永远留在了这片苍茫的大山。

我的黑皮肤兄弟

张梦瑶

我最灿烂的青春时光，有很长一段都是孤独的，远离父母，远离同学，远离家乡，一个人在遥远的伦敦，在那里读书、工作。以为这样不是一辈子也将是半生了，因为所有的人都跟我说留在伦敦发展才是最佳的选择。

在伦敦，很多人都有自己的车，我也不例外，每天我都会驾着我那破旧的二手车在伦敦繁华的街道上往返。

有个浓雾的早晨，我的老爷车被发动了N次还只能在原地哼哼，因为时间很急，我不得不放弃它而去赶地铁，要知道伦敦公司的纪律可是很严的。

离我住的地方最近的是一个叫LE-ICESTER的地铁站。一踏进地铁站就听到嘭嘭嘭有节奏的打击声，不知道怎么回事，本来垂头丧气的我听到那些鼓点就感觉心情好了许多。声音越来越清晰，走近了，才发现有个黑人在地铁站花花绿绿的广告墙边闭着眼睛忘我地打鼓，一边敲着一边还随着节奏跳舞。

早就听说伦敦地铁站里常常会有些民间艺人以卖艺为生，但从来也没有见过，今天一见更觉得新奇有趣。他的皮肤黝黑，肌肉结实，穿着一件挂满了饰品的马甲，头上戴着一顶有点脏的牛仔帽，被破牛仔裤盖着的脚上穿着一双厚底的绒皮鞋，前面是一个盛着花花绿绿钞票的盘子。我的口袋里只有昨天逛超市时剩下的几个硬币，我摸出来，在路过的时候放进盘子里。

硬币的声音也许是吵了陶醉中的他，当我走过去的时候，我听到他在我的身后说nice。我回头去看，正好看见他对我笑，牙齿被皮肤衬得雪白雪

白的。

下班的时候，我看到他还在那里，可是我身上已经没有零钱了，虽然我很想对他的音乐付些酬劳，从他身边路过的时候，我有些歉意地耸耸肩，意思是："对不起，我没有零钱给你了。"我却意外地听到他说了一句中国话："你好。"在伦敦待了四年，很多中国来的留学生平时都不太说中国话，而这个地铁里的黑人却用中文向我问好。我笑笑，也用中国话回了一句："你好。"只见他缓缓地伸出又黑又大的手递给我，说："My name is Lale."刚开始我有些害怕，毕竟是异国他乡，而我又是一个单身女孩子，我的手迟疑着没有伸出去。他扬扬眉毛，拍了拍手，摆出一个很无奈的动作，好像在说他没有恶意。见他的样子很真诚，我终于还是伸出了手："My name is Liana."Lale的手掌足足有我的两个大，而跟他的黑手掌一比，我的皮肤就显得格外白。

就这样，我认识了Lale，因为一个人很无聊，常常会跑到地铁站里来听他打鼓唱歌。他喜欢唱一首叫迪迪卡的歌曲，说那是为了纪念他远方的朋友。

Lale的出现，给我的伦敦生活增添了许多色彩。他有着黑人的爽直性格，常常会把我举到头顶，吓得我哇哇大叫。有时候他也会带我去广场做他的助手。以前在国内念书的时候我参加过合唱团，所以对我来说不是件难事。每次跟Lale一起的时候，我都会觉得无比开心。

但我始终认为，我和Lale不过是大海里的两叶孤舟，只是彼此填补空白的过客而已。

有个周末，我在家附近的快餐店吃完了晚餐，回来时不小心摔了一跤，开始好像还没有什么事，昏睡一夜后发现脚肿了一大块，疼得厉害。第二天Lale打电话来让我去帮他的忙，我对着话筒表示我的歉意，他问怎么了，是不是有什么事，我说没什么，只是昨天晚上回家时摔了一跤，脚有些肿。

没想到的是，他居然在一个小时后敲开了我家的门，要知道我并没有告诉他我家的地址。面对我的惊异，他狡黠地笑笑：“你以前说过你住在附近的，要知道，在英国，找一个白皮肤金头发的女孩很难，但是找一个黄皮肤黑头发的中国女孩可是很容易的。”

还好，送到医院检查，骨头并没有什么太大问题，只是韧带有些拉伤。我跟Lale说，没事吧！他说不检查怎么知道是真的没事呢。休息了一天就出院了，我忐忑不安地准备去交钱，却得知已经被Lale交过了。

我要把钱给他，他却不肯要，说又不是太多的钱，没有什么的，再说认识我这么久都没有请我吃过晚餐，就当是请客了，还说：“你一个瘦弱的女孩子，我怎么能不照顾？”要知道，Lale的收入也是极为微薄的。

大概过了一年多，我发觉Lale变得没有以前快乐了，常常发呆，眼神里也缺少了曾经的那种神采。我暗自猜想他是不是病了，问他，他却说没有。终于，接连几天他都没有来地铁站里唱歌，更证明了我的猜测，赶紧去他住的那个地下室找他。素日里硬朗的他躺在那里，说不出的凄凉，原来他着了凉，得了感冒，不过他的样子却比他的病情重得多。我问他想吃点什么或者喝点什么，他一味地摇头。过了好久，他的眼睛里突然蓄了一汪泪水，可把我吓坏了，忙问：“怎么了怎么了？”他这才一字一句慢慢地像在自言自语：“我想回家了，我想爸爸妈妈。等我的病好了，我要拿着在伦敦挣的钱回去买渔船，那里有海，有帆，有赤着脚的姑娘。”他看窗外，眼神里充满憧憬。

忽地，他又把头转向我：“Liana，我们永远不能换掉自己的皮肤和心，这里不是我们的家。”那个时候我的移民手续已经差不多办完了，以后也可以一步步把父母接过来的。而Lale的眼泪却让我在那一刻也想到我的家，宁静的小城，朴实的人。

第二天，我打电话通知父母说我要回去工作，我在伦敦的生活要结束了。他们尽管有些不解，但得知我要回去却是非常高兴的。

201

　　Lale的病很快就好了，我在地铁站最后一次听他唱歌，他唱美丽的姑娘，要回家，亲人就在身边，一遍一遍，反反复复。我站在一旁，泪珠儿控制不住簌簌地往下淌，一半是为了Lale，一半是为了父母。

　　这已经是一年前的事情了，每次别人问我为什么要放弃移民英国的机会回来，我就会跟他讲Lale的故事，讲他的歌，讲他的大手，讲他的肩膀，讲他的眼泪。我怎么能够忘记，在这个世界的另一个角落，我有一个黑皮肤的兄弟，他叫Lale呢？

踮起脚尖，靠近阳光

严守诺

他爱唱歌，是羽泉的忠实歌迷；他爱篮球，是姚明的铁杆球迷；他还爱读武侠小说，爱看战争大片，爱穿粉红色衬衫。2005年元旦，他对朋友吐露了新的愿望，这一年他想谈一场恋爱……22岁的年龄，就像刚刚蹦出地平线的太阳，充满了生机与梦想。

然而，不幸从天而降，白血病夺走了他的一切，连同生命。离开人世前的28小时，他以口述的方式托朋友在网上发表了一纸"绝笔"信——"谁来拯救我的父母"。那是把心揉碎了吐出的文字："……世上不幸的人不止我一个，我想通了生死，所以我不遗憾。只是感恩于父母，心里反复在想，没有了我，他们该怎么继续活下去。"

爱的挂念

面对患有白血病的事实，他哭了："我爸妈怎么办？"他叫顾欣，一米七八的个头，有一双清亮的单眼皮的大眼睛，在朋友眼里是一个开朗单纯、浑身散发着阳光气息的大男孩。

今年5月8日，大学毕业在北京搜房网工作了仅仅两个多月的顾欣，因鼻腔突然流血不止，在中日友好医院查出患有白血病。那一天，他哭了，对一位朋友说："我自己不怕什么，就是担心我爸妈怎么办？"

接到儿子患病消息，父母吞泪："倾家荡产也要治好儿子的病。"顾欣的担心，很快便成为严酷的现实。

他的父母是黑龙江省佳木斯市一个农场的下岗工人。这些年，他们靠着辛苦操持的一个小废品收购站供儿子在北京读完了大学，眼看孩子找到

一份不错的工作，他们想，苦日子总算熬到头了。

那个晚上，接到儿子患病的消息，他们的心像被撕成了碎片。父亲揣上家里仅有的8000元钱匆匆赶到北京，母亲后脚又揣着从亲戚那里筹集到的8万元钱，也匆匆赶到北京。当他们站在儿子面前时，想哭，却不能哭出来。他们却把眼泪默默地吞到肚里，心里反复嚼着一句话："倾家荡产也要治好儿子的病！"

他们真的是倾家荡产了。

第一个月，他们带来的钱全部花光；第二个月，他们回去卖掉了不大的住房和赖以为生的废品收购站；到第三个月，他们只能靠借贷款了。很快，他们背上了20多万元的债务。当借钱都已经没有着落的时候，父亲甚至想到了卖血、卖肾……他对医生说："身上有两个相同器官的，都切一个，留一个我好活着，照看我的孩子。"

为减轻父母负担，他选择价格便宜的保守治疗。聪明的顾欣从父母疲惫和焦虑的面容上，体味着他们点点滴滴的心思。当命运注定他此生不能再为父母尽孝，他唯一的渴望就是把未来生活的光亮尽可能多一点再多一点地留给父母。当他的病情又一次反复，医生要与病人及家属讨论新的治疗方案时，他说："不必找我父母，我来做主。"

在骨髓移植和保守治疗两种方案中，他没有犹豫地选择了后者。他对一位病友说："我打听了，骨髓移植没有50万元下不来，而且手术中有突然死亡的风险，这两样我父母都受不了。保守治疗虽然复发可能性大，但费用少得多，即使慢慢死去，父母也不会感到太突然。"接下来，在保守治疗中是用对病情缓解率达60%的进口药，还是用缓解率只有30%的国产药，他再一次选择了价格便宜的后者。

去世前5天，他执意让愁白头的母亲染了发，父母在北京的临时住处离医院有4里路，为了节省每趟来回4元钱的车费，他们总是走着来走着去。父亲回老家筹钱的日子，为了少让母亲往医院跑，以免她一个人在屋子里孤单，他便请同学把母亲最喜欢的电视连续剧《大长今》刻成光盘，送给她看。

母亲在儿子眼里总是最美丽的人，看着不到50岁的母亲在短短几个月的时间长满一头白发，他的心很疼。去世前5天，他执意让母亲染了头发，他抱着母亲高兴地大叫："看妈妈多年轻！"

爱的绝唱

他的乐观感染周围人，歌手羽泉送来新出版的CD，他同病房的两位病友都是70多岁的老人，他称他们为爷爷。他常为爷爷们倒水端饭，老人夜里上厕所，他也起身帮助。

顾欣在北京的十几位大学同学自他生病起，每天轮流到医院来陪他。起初，他们都很伤心，但很快就被他的乐观所感染，他们在一起听歌、唱歌，说未来，谈人生，每一个人记起的那些时光都充满了光彩。

11月4日，在一位同学的帮助下，顾欣见到了他最喜欢的歌手羽泉二人，他们送给他一张新出版的羽泉CD，还送给他一个日记本，扉页上写着一行字："小欣，希望你能把自己的快乐记录下来……"

他曾设想每年留下一封信，陪伴父母到百年。

羽泉走后，顾欣捧着日记本陷入了沉思。几天后，他把挚友潘磊找来说："我想假设哪一天我不在了，就在这一天给我爸妈写一封信，第二年的这个日子再写一封，如果我能坚持40多天，就能写到我父母100岁的时候，我希望他们每年能读一封，一直读到百岁，这样我就安心了。"潘磊鼓励他："写吧！"

然而，就在第二天，顾欣的病情突然恶化，连续10多天高烧40度不退，他感到胸前像堵着一块大石头喘不过气来，几次望着枕边的那个日记本，却无力把它打开。

第六章 踮起脚尖，靠近阳光

搜房网上"顾欣绝笔"令人震撼：谁来拯救我的父母。

11月24日下午，他再一次把潘磊找来，让父母等在门外，单独与这位朋友断断续续谈了很久，潘磊含着泪离开了病房。

第二天，搜房网站上出现了一封令无数人震撼的"顾欣绝笔：谁来拯救我的父母？"。

每天，总喜欢听着羽泉的"深呼吸"，并在羽凡和海泉哥哥送的日记本里写下安慰父亲母亲的话：我会好起来，和你们一起在阳光下呼吸。每晚，总要假装先睡，让陪护身边的父母也能早点休息，偷偷地睁眼，看着父亲母亲熟悉的却憔悴的面容，眼泪禁不住往下流。

世上不幸的人不止我一个，我想通了生死，所以我不遗憾。只是感恩于父母，心里翻覆，没有了我，他们该怎么继续活下去。

父母为了我辛苦了一辈子，我不舍得就这么离开，我还要为他们尽孝道，我还要赡养他们。这样的思绪一直在脑海里挣扎，甚至在梦里。

谁来帮帮我的父母，让他们能无牵无挂地活着，别为了几辈子都还不上的债务。房子没了，他们该住哪？本就下岗的他们难道真要行乞捡破烂，露宿街头吗？如果真是这样，我还不如早点死了，虽然说这样的话父亲和母亲看了一定会伤心，但我确实留有遗憾。

此时此刻，我不求我能活着，虽然我知道没有了我，父亲和母亲不会真正开心地生活，但我只是希望父母能健康无忧地终老，我会在我走的时候对他们说，让他们好好地活下去，能在每一年我忌日的那天来看看"我"。

所以，写下上面好不容易写出的文字，恳求大家来救救我的父母！

"绝笔"信发表的第二天——11月25日晚8点，顾欣走了，他是躺在母亲的怀里走的。走时，他的脸憋得通红，攥着拳，蹬着脚，使足全身的力气喊出了最后一句话："爸爸妈妈，我太爱你们了！下辈子，你们给我当儿子，我要把所有的爱都给你们！都给你们……"他慢慢地闭上了眼，脸上挂着两行晶莹的泪水。

爱的传递

有我们在，你们将不再孤单！

顾欣该是微笑地走了，因为在他的身后是一片爱的潮涌。

"顾欣绝笔"自搜房网发出至今，点击率已有5万多人，数百人在网上留言，这个22岁年轻人所表达出的爱心，在无数颗爱心中得到回响。

网友留言，滚烫而热情

"亲情总是让人感动，凡夫俗子亦能谱出人性最美的乐章——大家加油！关心身边的家人，关注每一个值得我们关注关心的同类。"

"珍惜我们的生命，珍爱我们的父母，善待我们身边每一个爱我们和我们所爱的人。让人间多一点温情。"

各地电话，温暖又感人

在这滚烫的话语之后，是无数双伸向顾欣父母的援助之手。在顾欣走后短短几天，这对善良的老人接到了来自各地的人们打来的电话。

一位叫康铁军的人说："我来自一个非常普通的家庭。我想捐点钱，捐不了很多，但人多力量大，众人拾柴火焰高，相信难关总会渡过！"

一位姓范的山东姑娘说："我在北京打工，明天就发工资了。我想捐点钱，人间自有真情在，希望你们多保重！"

网上募捐，如星星之火越燃越旺

顾欣搜房网的同事们，在短短3个小时内，就把两万多元捐款送到了他的父母手中。他们还自制了一张爱心卡送给两位老人，上面写道："有我们在，你们将不孤单！"

是的，顾欣的父母绝不孤单。网上的募捐活动已经如星星之火越燃越旺，听一听这些发自内心的表达吧——

"希望我们一起帮助顾欣实现他的愿望！"

"我希望我可以尽点绵薄之力，我也把这帖发给了我QQ上所有的朋友，让他们也尽一点力。"

"让我们共同努力，给顾欣带来微笑，给他的父母带来慰藉！"

顾欣的朋友们——一群像顾欣一样阳光的男孩女孩，因了顾欣的爱，而焕发出了更宽广更深厚的爱，他们对顾欣的父母说："爸爸妈妈，你们失去了一个儿子，可还有十几个孩子，顾欣对你们的爱也是我们对你们永远的情感！"

爱的感言

爱是一种力量。

顾欣像一颗流星一样远去了，但他却留给了我们人生的种种寻味。有一首歌叫《常回家看看》，表达的是当下社会忙忙碌碌的子女们对父母的愧疚之情。很多人喜欢唱，喜欢是因为渴望。顾欣的故事让我们再一次想到了我们的父母，不知有多少人会汗颜。

父母是每一个子女最珍贵的人，爱他们，孝敬他们，是一个人幸福地活在这个世界上的不可缺失的情感。顾欣的生命最后时光的幸福，正是源于他对父母真挚的爱。当我们听了太多的父母如何爱子女的感人佳话之后，大男孩顾欣的故事让我们有另一种震撼。珍惜和挚爱我们的父母，将使我们永远有一座心灵的高地。

顾欣的故事带给我们的更多思考，是来自社会的无数颗爱心的回应。当网上贴出了一篇又一篇因顾欣而感动的留言，当一个又一个陌生的男女老少向顾欣的父母伸出援助之手，我们感受到了一种蓬勃无边的爱。在社会保障体系还不够完善的今天，这种爱有着非凡的意义。

第六章 踮起脚尖，靠近阳光

爷爷的手指

柳河西

从盖尔出生的那天起，他的爸爸妈妈就开始为他担心了。因为盖尔的小指旁边多长了一根小小的第六指。这根手指只及小指的一半，但同样有指节、指甲，还会随着另外5根正常的手指一块抖动。盖尔的父亲认为，这虽然不是什么病，但也跟畸形扯上了关系，将来可能会招致小伙伴的嘲笑，对盖尔的成长不利，所以等盖尔刚满一周岁，父母便把他带到医院，要求医院把盖尔多余的第六指切除掉。遗憾的是，医生告诉他们，至少要等7年才能为盖尔做这个手术。

转眼间，盖尔已经3岁了。父母把他送进了幼儿园。在此之前，小盖尔从来没有留意正常的左手只有5个手指头。爸爸妈妈深爱着他，最宠爱他的爷爷经常开着老爷车带他四处游玩，他快乐地成长着，无忧无虑。可上幼儿园的第一天，他回家后便眼泪汪汪地问爸爸妈妈和爷爷："为什么我比其他小朋友多一个手指？迪克说我是怪物。"大家都沉默了。是啊，随着年龄的增长，盖尔的第六指也大了许多，虽然它很短，但比其他手指粗，看上去有点碍眼。其实，大家3年来都非常担忧，害怕盖尔懂事后会提出这样的问题。爸爸妈妈曾提议让盖尔戴手套，但被爷爷否决了，他认为这样会弄巧成拙。此时此刻，爷爷陷入了沉思。盖尔是那样的聪明可爱，乖巧伶俐，他的伤心自卑令爷爷感到深深的不安。突然，他的眼睛掠过钢琴架上的雕塑。那是一尊泥塑手雕，大拇指用力地压在掌心里。爷爷像发现什么宝贝似的，立即把雕像拿在手里看了又看，然后会心一笑，把盖尔抱到自己的膝盖上。

"宝贝，你看爷爷右手的大拇指，它是个小懒虫，从你出生那天起，他就开始睡觉了，到现在都不肯起来。"爷爷边说边伸出右手，把大拇指藏在掌心，然后让掌心朝下，并把盖尔的左手掌心朝上，当两只手合在一起的时候，正好10个手指，不多也不少。"我知道了，你的大拇指偷懒，所以我就替你长了一根手指，是这样吧，爷爷！"天真的盖尔开心地笑了，充满了自豪。小小的他觉得，这第六根手指担任着重要的责任，它是来帮助爷爷的。

爷爷迅速地把这件事告诉了家人和朋友，还请盖尔的老师告诉了班上其他小朋友，盖尔帮爷爷长了一根大拇指。小朋友们非但不嘲笑盖尔，还佩服盖尔小小年纪就帮助大人。

自从和盖尔说过沉睡的大拇指之后，只要见到盖尔，爷爷右手的大拇指就会条件反射般地蜷曲在掌心。时间稍长一些，右手的大拇指就会麻麻地痛，得用左手帮忙才能慢慢地舒展开。久而久之，爷爷竟习惯成自然，时刻把右手的大拇指蜷曲起来，也习惯了用4根手指头吃饭做事。不熟悉的人还真认为爷爷原本就是那样的。而盖尔呢，自从听了爷爷的故事后，对第六根手指便特别关心和爱护，冬天的时候，还特意涂上一层厚厚的防冻霜，他觉得这是爱爷爷的一种表现。

时光匆匆，不知不觉中，7年过去了，父母再次把盖尔带到医院，医生说可以切除第六指了。当爸爸妈妈把这个消息告诉盖尔时，盖尔大哭起来。他大声抗议："这是我帮爷爷长的手指，怎么能切除呢？除非爷爷的大拇指醒来了。"

可是爷爷的手指5年来一直习惯蜷曲在掌心里，它已经变形萎缩，完全失去了最初的力量，重新扳直已不可能。尽管如此，这5年并没有给爷爷带来特别大的不便，却让盖尔度过了幸福快乐的童年。这对爷爷来说，已经非常满足了。

当爷爷知道盖尔拒绝切除第六指的原因后，一股暖流涌上心头。他找来纱布，把大拇指缠住，然后告诉盖尔，他已经动了手术，手指马上可以伸直了，盖尔的第六指已经完成了历史使命。

　　盖尔听话地随父母去了医院，手术很成功，而爷爷的大拇指虽然用纱布缠了很久，但始终无法伸展。盖尔看着爷爷依然沉睡的大拇指，十分后悔切除了第六指。

　　春去秋来，盖尔度过了美好的少年时代，长成了一个英俊开朗的青年，并以优异的成绩考上了医学院。在盖尔大学二年级的时候，爷爷永远离开了他。爷爷去世时，大拇指依然沉睡在掌心里。也就是说，爷爷右手的大拇指已经整整沉睡了16年。开始的前 5 年，它是可以蜷曲的，但在余下的11年，它却无法回到先前的模样……

所谓和谐

张栋梁

我有一位同事已年过半百，是中医院的主治医师，在医院内外都享有很好的口碑。每年一到冬天，他都要在白大褂的口袋里放上一只热水袋，并且一发现热水袋里的水稍微变凉就要立即换上滚热的水。他一有空就将手插进衣袋里随时将手焐得暖烘烘的，同事们问他怎么这样怕冷，他说，不是我怕冷，而是我不忍心让病人受冷，我希望每一次为病人搭脉时都能伸给他们一双温暖的手。

在朋友家聚会时，女主人不小心将一只花瓶打碎了。她将一地的碎玻璃清扫干净后，找来一只厚厚的纸盒，用胶带将碎玻璃密封在里面，又用笔在纸盒上写上一行大大的字："内有碎玻璃，请小心！"我不解地问她为何将一件小事搞得如此复杂，她却笑笑说，常有拾荒者来楼下的垃圾箱里翻捡，怕碎玻璃戳伤他们的手。

和谐，不就是默默地给予他人一份细致入微的关怀吗？

第六章 踮起脚尖，靠近阳光

出路与退路

莫 名

古希腊著名演说家戴摩西尼年轻的时候为了提高自己的演说能力，躲在一个地下室练习口才。由于耐不住寂寞，他时不时就想出去溜达溜达，心总也静不下来，练习的效果很差。无奈之下，他横下心，挥动剪刀把自己的头发剪去一半，变成了一个怪模怪样的"阴阳头"。这样一来，因为头发羞于见人，他只得彻底打消了出去玩的念头，一心一意地练口才，演讲水平突飞猛进。正是凭着这种专心执著的精神，戴摩西尼最终成为了世界闻名的大演说家。

一个人要想干好一件事情，就必须心无旁骛、全神贯注地追逐既定的目标。在漫漫人生路上，当我们难于驾驭自己的惰性和欲望，不能专心致志地前行时，不妨斩断退路，逼着自己全力以赴地寻找出路，往往只有不留下退路，才更容易赢得出路，最终走向成功。

国王的画像

李赫煊

从前，有一位独眼、缺手、断腿的国王，他极其爱面子。

有一天，国王突然很想让人将自己的容貌画下来，以便留给子孙后代瞻仰。于是，他命人请来全国最好的画家。这位一流的画家将国王画得很逼真，栩栩如生。但是，国王看了之后非常生气，怒火熊熊地说："这么一副残缺像，怎么能留传下去！"立刻命令士兵把这位画家给宰了。

没办法，国王又请来第二位画家。因有前车之鉴，第二位画家不敢据实作画，于是就把国王画得完美无缺。不仅把缺的手、断的腿补了上去，还让国王的一双眼睛看起来又明又亮、炯炯有神。谁知道，国王看了之后更生气，说："画里的人根本不是我，你这是在讽刺挖苦我。"于是又把这个画家给宰了。

第三位画家怎么办呢？写实派的给宰了，唯美派的也给宰了。在国王不停地催促下，这位画家急中生智，画了一幅国王单腿下跪、闭着一只眼睛瞄准射击的肖像画。既把国王的缺点全部掩盖，又不让人觉得虚假不实。结果，国王大喜，奖赏了许多珠宝给他。

在人生路上，有时候，光又技巧，没有智慧是不行的。就像给这位国王画像一样，你画得再栩栩如生，画得再完美无缺，也不如画的恰到好处有效。